21世纪高职高专精品规划教材

C语言程序设计项目化教程 实验与课程设计

主　编　侯丽敏

副主编　杨俊红

中国水利水电出版社

www.waterpub.com.cn

内 容 提 要

本书是《C语言程序设计项目化教程》一书配套的实践教材。本书由4部分组成。第1部分"C语言集成开发环境介绍",包括Turbo C 2.0和Visual C++ 6.0两个开发环境的使用。第2部分"实验指导",包括10个实验与教材的各章内容相配套。第3部分"课程设计",通过两个信息管理实例项目的分析,启发学生独立完成课程设计题目,培养学生分析问题、解决问题的能力。第4部分"试题汇编",给出5套模拟试题和参考答案,为学生复习提供指导。本书的所有程序均在Visual C++ 6.0开发环境上调试通过。

本书具有基础性、实用性和系统性,同时充分考虑了与其他教材内容的兼容性,可作为各类高等院校及高职高专院校各专业C语言程序设计课程的实践教学用书,也可作为C语言自学者的参考用书。

图书在版编目(CIP)数据

C语言程序设计项目化教程实验与课程设计/侯丽敏
主编. —北京:中国水利水电出版社,2010.2(2017.8重印)
21世纪高职高专精品规划教材
ISBN 978-7-5084-6502-9

Ⅰ. ①C… Ⅱ. ①侯…Ⅲ. ①
C语言—程序设计—高等学校:技术学校—教学参考资料
Ⅳ. ①TP312

中国版本图书馆CIP数据核字(2010)第021815号

书　　名	21世纪高职高专精品规划教材 **C语言程序设计项目化教程实验与课程设计**
作　　者	主编 侯丽敏　副主编 杨俊红
出版发行	中国水利水电出版社 (北京市海淀区玉渊潭南路1号D座　100038) 网址:www.waterpub.com.cn E-mail:sales@waterpub.com.cn 电话:(010) 68367658(营销中心)
经　　售	北京科水图书销售中心(零售) 电话:(010) 88383994、63202643、68545874 全国各地新华书店和相关出版物销售网点
排　　版	中国水利水电出版社微机排版中心
印　　刷	北京瑞斯通印务发展有限公司
规　　格	184mm×260mm　16开本　8印张　190千字
版　　次	2010年2月第1版　2017年8月第4次印刷
印　　数	10001—13000册
定　　价	20.00元

凡购买我社图书,如有缺页、倒页、脱页的,本社营销中心负责调换

前　言

　　C 语言是面向过程的结构化、模块化的程序设计语言，已经成为编写系统软件、应用软件和进行程序设计、教学的重要编程语言，甚至许多硬件开发系统也使用 C 语言。由于成功地用于各个领域，C 语言已经成为名副其实的通用性程序设计语言。掌握这种程序设计语言的使用方法，对于理解程序设计的基本方法及学习计算机其他课程的内容都至关重要。

　　本书是配合《C 语言程序设计项目化教程》（杨俊红主编，中国水利水电出版社出版）教材而编写的实验与课程设计。本书内容由浅入深、循序渐进，使读者可以充分深刻地理解程序设计的基本方法，利用 Visual C++ 6.0 集成开发工具进行结构化程序的初步开发，达到理论和实践的紧密结合。

　　本书内容分为 4 部分。第 1 部分为 C 语言集成开发环境介绍，主要内容为 Turbo C 2.0 和 Visual C++ 6.0 两个开发环境的使用，其中 Visual C++ 6.0 是等级考试的上机环境。第 2 部分为实验指导，包括 10 个精心设计的实验，每个实验都和教材的知识点相配合，以帮助读者通过上机实践加深对教材内容的理解，熟练掌握 C 语言的基本知识。第 3 部分为课程设计，分别设计了通讯录管理系统和人力资源信息管理系统。通过这两个综合实例的完整设计过程，帮助读者掌握利用 C 语言进行程序开发的基本方法和技巧，使读者对 C 语言程序设计有更全面的认识。第 4 部分为试题汇编，为学生巩固 C 语言基础知识及参加等级考试提供帮助。本书中的所有程序均在 Visual C++ 6.0 开发环境中测试通过。

　　本书由郑州铁路职业技术学院侯丽敏担任主编，杨俊红担任副主编。参加编写的还有郑州铁路职业技术学院陆璐、吕春峰。本书第 1 部分及第 3 部分 3.1 节由杨俊红编写；第 2 部分由侯丽敏编写；第 3 部分 3.2 节由陆璐编写；第 4 部分由吕春峰编写。全书由侯丽敏统稿。

　　本书的出版得到了中国水利水电出版社的大力支持，在此表示感谢。由于作者水平有限，书中的疏漏和错误在所难免，恳请专家和广大读者批评指正。

编者

2009 年 12 月

目 录

第1部分 C语言集成开发环境介绍

Turbo C 2.0 是最常用的 C 语言程序上机环境，Visual C++ 6.0 是全国计算机等级考试所采用的开发环境，本部分简要介绍这两种开发环境的基本操作。

1.1 Turbo C 2.0 集成开发环境

Turbo C（简称 TC）是 Borland 公司开发的基于 MS-DOS 操作系统的 C 语言编译系统，它是一个集程序编辑、编译、连接和调试为一体的 C 语言程序开发环境。Turbo C 可以运行在 Windows XP 的"命令提示符"窗口中。Turbo C 2.0 是被广泛使用的版本。

1.1.1 启动 Turbo C 2.0

确认计算机上已安装好 Turbo C 2.0，假设安装的目录为：D:\TC2，在 Windows XP 上可以采用以下几种方法启动 TC：

（1）在资源管理器中打开 D:\TC2 文件夹，找到该文件夹中的 tc.exe 文件，双击该文件，即可启动 TC。

（2）单击"开始"→"程序"→"附件"→"命令提示符"，打开"命令提示符"窗口，然后输入以下命令启动 TC：

D:\TC2\tc.exe

（3）在桌面上创建指向 D:\TC2\tc.exe 文件的快捷方式，双击该快捷方式图标即可启动 TC。

1.1.2 Turbo C 2.0 的工作界面

启动 TC 后，会出现欢迎界面，窗口中央是 TC 的版本信息框，按任意键版本信息框会消失，将出现 TC 完整的工作界面，如图 1-1 所示。

TC 的工作界面包括以下部分：

（1）菜单栏。包含 8 个菜单：File（文件）、Edit（编辑）、Run（运行）、Compile（编译）、Project（项目）、Options（选项）、Debug（调试）和 Break/watch（断点/监视）。

（2）编辑窗口。用来输入和编辑源程序。

（3）状态行。Line 和 Col 后面的数字表示编辑窗口中光标的位置，即光标所在的行号和列号。最右端显示的是正在编辑的文件的名称及所在的磁盘。中间部分显示的是当前的编辑状态和设置。

（4）消息窗口。用来显示编译和连接时的提示信息。

（5）功能键提示行。显示可用的功能键及其作用。

　　由于 TC 不支持鼠标操作，所有的菜单操作都需要通过键盘实现。按<F10>功能键后用方向键选择某个菜单，按回车键可以打开该菜单，再通过方向键选择菜单项，按回车键可以执行该菜单项对应的功能。也可以按<Alt+菜单首字母>组合键，打开相应的菜单，例如按<Alt+F>组合键可以打开 File 菜单。按<Esc>键可以关闭打开的菜单。

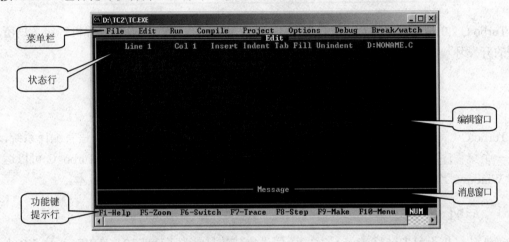

图 1-1　TC 的工作界面

1.1.3　设置系统目录和工作目录

　　系统目录是指为了让 TC 正确地工作必须设置的目录。打开"Options"菜单，选择"Directories（目录）"菜单项，按回车键打开系统目录设置对话框，如图 1-2 所示。

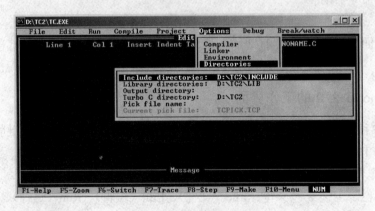

图 1-2　设置系统目录

选中一项后按回车键进行修改即可。

系统目录设置对话框中各项功能如下：

（1）Include directories（包含文件目录）：标准库对应的头文件所在的目录。

（2）Library directories（库文件目录）：标准库所在的目录。

（3）Output directory（输出目录）：存放编译和连接生成的目标文件和可执行文件。

（4）Turbo C directory（TC 的目录）：TC 的安装目录。

工作目录是指用户存放文件的目录，例如 E:\mytc。设置工作目录的操作是：打开"File"菜单，选择"Change dir（改变目录）"，按回车键，打开"New Directory（新目录）"对话框，如图 1-3 所示。在该对话框中输入 E:\mytc，按回车键确定。

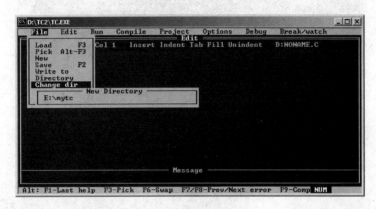

图 1-3　设置工作目录

1.1.4　创建新文件

TC 启动后会自动新建一个文件，也可以通过"File"菜单的"New（新建）"菜单项新建一个文件，如图 1-4 所示。由于 TC 一次只能显示一个文件，所以新建文件时将关闭已打开的其他文件。

图 1-4　新建文件

按<F10>功能键，用方向键选择"Edit"菜单，即可进入源程序的编辑状态。这时可以输入和编辑程序的源代码了，如图 1-5 所示。

1.1.5　保存和打开文件

1. 保存文件

TC 为所有新建的文件都自动命名为 NONAME.C，因此，在第一次保存文件时应将其改名。可以选择"File"菜单下的"Save（保存）"菜单项或按<F2>功能键来保存文件。第一次保存时会打开重命名对话框，输入文件保存的路径和文件名，按回车键保存。如图 1-6所示，把新建的文件保存在 D:\mytc 中，文件名为 file1.c。

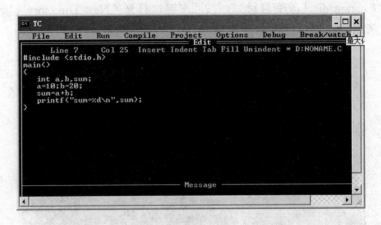

图 1-5　编辑源程序

图 1-6　保存文件

如果想把当前文件重命名或保存到另一个位置，可以选择"File"菜单下的"Write to（另存为）"菜单项，执行该命令时将打开一个对话框，输入文件保存的路径和文件名即可。

2. 打开文件

如果想打开一个已存在的源文件，可以选择"File"菜单下的"Load（装载）"菜单项或直接按<F3>功能键。TC 将弹出一个对话框，如图 1-7 所示，此时可以输入要打开的文件名。如果不输入路径，则 TC 在当前目录下查找该文件并装载。如果输入了路径，则 TC 在指定的路径下查找文件并装载。

在图 1-7 所示的对话框中，可以不输入文件名，而直接按回车键，则 TC 会打开文件列表窗口，如图 1-8 所示。在该窗口中找到要打开的文件，按回车键即可。

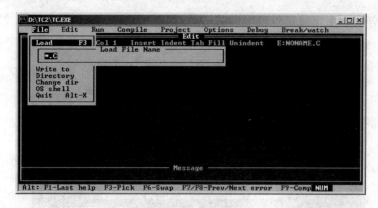

图 1-7 打开文件

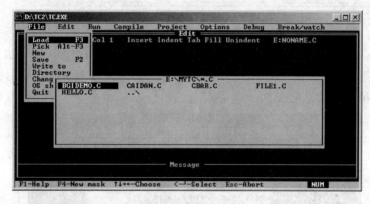

图 1-8 文件列表窗口

1.1.6 编译、连接和运行程序

1. 编译程序

按<Alt+C>组合键打开"Compile"菜单，用方向键选中"Compile to OBJ"菜单项编译当前打开的源文件，如图 1-9 所示。

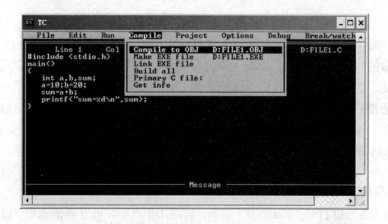

图 1-9 "Compile"菜单

编译后会弹出一个信息框报告编译的结果，如图 1-10 所示，按任意键将关闭该信息框。

图 1-10　编译结果信息框

编译器能检查源程序中是否有语法错误，一旦发现错误，TC 将不会生成目标文件，并会在编译信息框中报告错误。例如，把 file1.c 源程序倒数第 2 行末尾的分号去掉，则编译出现如图 1-11 所示的信息框。

图 1-11　编译出错信息框

编译器给出的错误提示有两类：一类是 Error（错误），另一类是 Warning（警告）。Error 是致命错误，编译时有此类错误则无法生成目标文件，必须找到并改正致命错误。Warning 则是相对轻微的一类错误，不会影响生成目标文件，也不会影响连接，但在运行时有可能会出错。因此，建议最好把所有错误（不论是 Error 还是 Warning）都一一修正。

按下任意键后，消息窗口中将显示错误信息，如图 1-12 所示。用方向键在多条错误信息间切换时，编辑窗口中将高亮度显示与当前错误信息对应的代码行。按下<Alt+E>组合键进入编辑状态，修改错误后再编译，若还有错误，则再修改，再编译，直至无编译错误为止。

2. 连接程序

按<Alt+C>组合键打开"Compile"菜单，如图 1-9 所示，用方向键选中"Link EXE file"菜单项可以完成程序的连接，生成可执行文件。

图 1-12　编译错误信息

连接后也会弹出一个信息框报告连接的结果，如图 1-13 所示，按任意键将关闭该信息框。

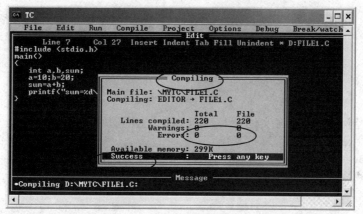

图 1-13　连接结果信息框

也可以打开"Compile"菜单，用方向键选中"Make EXE file"菜单项，顺序完成编译和连接这两个过程。

3. 运行程序

选择"Run"菜单下的"Run（运行）"菜单项或直接按<Ctrl+F9>组合键运行程序，如图 1-14 所示。然后选择"Run"菜单下的"User screen（用户屏幕）"菜单项或直接按<Alt+F5>组合键，可以查看执行的结果，如图 1-15 所示。

按任意键将关闭该窗口并返回到 TC 的主界面。

1.1.7　多文件程序和项目文件

以上介绍的是利用 TC 环境对一个源程序文件的编辑、编译、连接及运行的步骤，在实际应用中也经常会遇到使用多个源文件的情况。例如在一个开发团队中，每个人负责编写一部分源程序并以函数方式相互调用，最后形成一个可执行文件。TC 环境提供了对多个源文件程序进行编译和连接的 3 种方法：①将多个源文件分别进行编译，然后用 tlink 命令行方式将这些目标文件及库函数等连接起来形成可执行文件；②用项目文件的方法；③用文件包含的方法。下面简要介绍使用较多和使用方便的第二种、第三种方法。

图1-14 "Run"菜单

图1-15 查看运行结果

假设已经新建了两个源文件ex1.c和ex2.c，它们的内容分别如下：

```
/* 源文件ex1.c */
#include <stdio.h>
int max(int x,int y);
main()
{
    int a,b,m;
    printf("Please input a,b:");
    scanf("%d,%d",&a,&b);
    c=max(a,b);
    printf("m=%d\n",m);
}
/* 源文件ex2.c */
int max(int x,int y)
{
    int mx;
    if(x>y)
        mx=x;
    else
        mx=y;
    return mx;
}
```

1. 通过建立项目文件的方法实现多文件的编译和连接

首先要建立一个"项目文件"，该文件中的内容就是要连接成一个可执行文件的各源文件的名称，然后根据项目文件对源文件进行编译和连接，就可以得到可执行文件。

建立项目文件的具体步骤如下：

（1）通过"File"菜单的"New（新建）"菜单项新建一个文件，在编辑窗口中输入各源文件的名字，即 ex1.c 和 ex2.c，如图 1-16 所示。

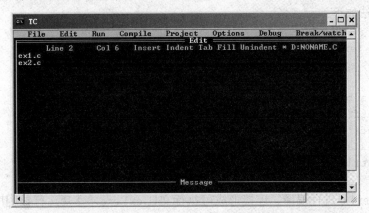

图 1-16　编辑项目文件

（2）选择"File"菜单下的"Write to"菜单项，在出现的对话框中输入文件名 myEx.prj。myEx 是用户自己指定的名字（只要符合文件名命名规则即可），后缀 prj 表示为项目文件。

（3）选择"Project"菜单下的"Project name"菜单项，在出现的对话框中输入项目文件名 myEx.prj，如图 1-17 所示。

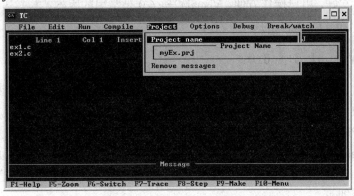

图 1-17　查看运行结果

（4）选择"Compile"菜单下的"Make EXE file"菜单项，系统就会根据项目文件对 ex1.c 和 ex2.c 进行编译和连接，生成两个目标文件 ex1.obj 和 ex2.obj，以及一个可执行文件 myEx.exe。

（5）选择"Run"菜单下的"Run（运行）"菜单项或直接按<Ctrl+F9>组合键运行程序。然后选择"Run"菜单下的"User screen（用户屏幕）"菜单项或直接按<Alt+F5>组合键，可以查看执行的结果。

需要注意的是，在完成一个多文件程序的编译和连接后，应及时选择"Project"菜单下的"Clear project"菜单项将 Project name 内容清除，否则在编译、连接编辑窗口中的源文件时会仍按照项目文件的内容进行。

2. 用#include 预编译命令实现多文件的编译和连接

在含有主函数的源文件中使用预编译命令#include 将其他源文件包含进来即可。例如在源文件 ex1.c 的头部加入一条语句#include "ex2.c"，在编译前就把 ex2.c 文件的内容加进来了。程序写法如下：

```
#include <stdio.h>
#include "ex2.c"        /* 将文件 ex2.c 的内容包含进来 */
main()
{
    int a,b,m;
    printf("Please input a,b:");
    scanf("%d,%d",&a,&b);
    m=max(a,b);
    printf("m=%d\n",m);
}
```

对源文件 ex1.c 进行编译、连接形成可执行文件 ex1.exe，然后运行该程序。

1.2　Visual C++ 6.0 集成开发环境

Visual C++（简称 VC）是 Microsoft 公司开发的被广泛使用的、基于 Windows 平台的可视化 C 和 C++语言集成开发环境，它集程序代码的编辑、编译、连接、调试和运行等功能于一体，界面友好，用户操作方便。Visual C++ 6.0 是常用的版本，本书基于 Windows XP 操作系统介绍 Visual C++ 6.0 的基本操作。

1.2.1　启动 Visual C++ 6.0

如果计算机上未安装 Visual C++ 6.0，则按照向导直接安装，具体步骤此处不再详述。安装过程中建议同时安装 MSDN，以便日后自学。

成功安装 Visual C++ 6.0 后，可以单击 Windows XP 的"开始"按钮，选择"程序"→"Microsoft Visual Studio 6.0"→"Microsoft Visual C++ 6.0"，即可启动 Visual C++ 6.0。也可以先在桌面上建立 Microsoft Visual C++ 6.0 的快捷方式，这样在使用时直接双击桌面上的快捷方式图标即可。

1.2.2　Visual C++ 6.0 的主窗口

启动后屏幕上会弹出 Visual C++ 6.0 集成开发环境的主窗口，如图 1-18 所示。

主窗口主要包括以下部分：

（1）菜单栏。包含 9 个菜单项目：文件、编辑、查看、插入、工程、组建、工具、窗口和帮助。

（2）工具栏。VC 提供了几个工具栏，可以在菜单栏或工具栏的空白区内单击鼠标右键，在弹出的快捷菜单中选择要显示或关闭工具栏的名称。现在显示出来的是标准工具栏。

（3）工作区窗口。用来显示所设定的工作区的信息。现在没有打开的工作区。

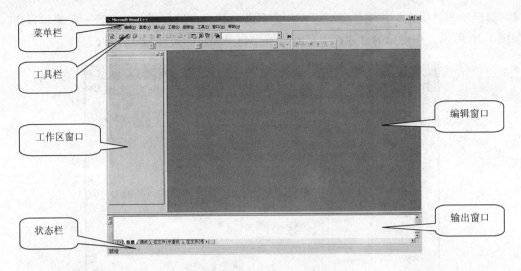

图 1-18　Visual C++ 6.0 的主窗口

（4）编辑窗口。创建工程项目后会出现程序编辑窗口，在此可以输入和编辑源程序。每个源文件将显示在一个独立的编辑窗口中。

（5）输出窗口。显示编译、连接和调试等信息。

（6）状态栏。显示操作提示信息和编辑状态。

1.2.3　编辑一个 C 源程序

1. 新建文件

简单的 C 语言程序只包含一个源文件。选择"文件"菜单下的"新建"菜单项，弹出"新建"对话框。如图 1-19 所示。在"文件"选项卡左边的列表框中选择"C++ Source File"，在右边的"文件名"文本框中输入后缀名是.c 的文件名，例如 myfile.c。在"位置"文本框中输入源文件的存放路径 D：\MYPROJECTS，要确保该路径存在，否则会导致创建失败。也可以单击该文本框右边的"..."按钮，在打开的对话框中直接选择存放位置。

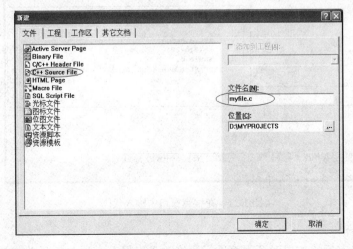

图 1-19　"新建"对话框

然后单击"确定"按钮，就可以在指定位置创建一个源文件，并打开一个编辑窗口，如图 1-20 所示。在窗口的标题栏上显示出了当前要编辑的文件名 myfile.c。

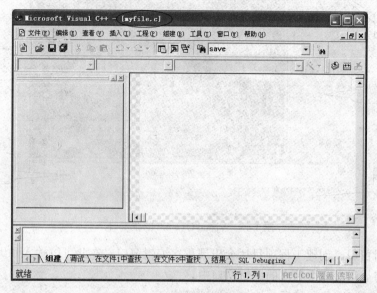

图 1-20　myfile.c 编辑窗口

　　注意：如果在文件名中不显式地输入扩展名.c，则 VC 将为文件附上默认扩展名.cpp，并按照 C++语言的语法进行检查。由于 C++的语法检查要比 C 语言的语法更为严格，因此，建议还是显式地输入文件扩展名.c。

　　2. **编辑文件**

　　此时，编辑窗口被激活，可以编辑输入源程序。一个简单的 C 程序如图 1-21 所示。

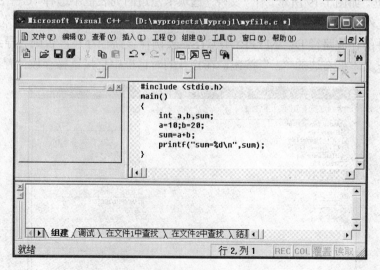

```c
#include <stdio.h>
main()
{
    int a,b,sum;
    a=10;b=20;
    sum=a+b;
    printf("sum=%d\n",sum);
}
```

图 1-21　在编辑窗口中输入代码

　　3. **保存文件**

　　进入编辑状态后，如果对源程序进行了修改且未保存，则在标题栏中文件名字后面会出现"*"提示。选择"文件"菜单中的"保存"命令保存这个文件。也可以单击工具栏上的■按钮或者按<Ctrl+S>组合键保存文件。保存之后，标题栏上的"*"消失。

如果不想将源程序保存到指定的文件中，可以选择"文件"菜单中的"另存为"命令，重新指定文件保存的位置以及文件名。

1.2.4 编译、连接和运行 C 程序

1. 编译程序

编译可以检查程序中是否存在语法错误并生成目标文件（.obj）。选择"组建"→"编译[myfile.c]"，即可仅对 myfile.c 进行编译。此外还可以通过单击工具栏中的 按钮或直接按<Ctrl+F7>组合键进行编译。

一般在编译时，VC 会弹出一个询问对话框，如图 1-22 所示。意思是"需要有一个活动项目的工作区才可以执行编译命令，是否要创建一个默认的项目工作区？"。单击"是"按钮，则 VC 将为当前的程序创建一个同名的项目和工作区。编译信息将显示在输出窗口中，如图 1-23 所示。

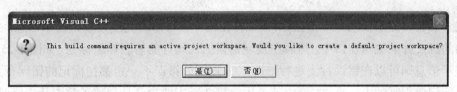

图 1-22 创建默认的项目工作区询问对话框

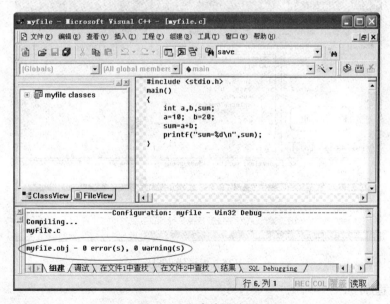

图 1-23 程序编译结果

编译系统检查源程序中有无语法错误，若有，则在编辑窗口下方的输出窗口中显示错误信息，并指出错误的程序行行号和错误原因。根据这些错误信息对源程序进行修改后，重新编译直至没有错误为止。

例如，在 myfile.c 源程序的编辑窗口中，把第 4 行末尾的分号去掉，则编译出现如图
1-24 所示的结果。

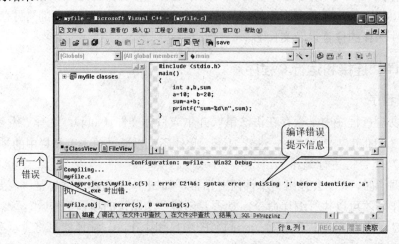

图 1-24　编译错误

在一条错误提示信息上双击鼠标，VC 将在输出窗口中高亮度显示该提示信息，并切换
到出错的源文件的编辑窗口中，然后在发现错误的代码行的前面作上标记。如图 1-25 所示。
根据提示信息则可以在错误行上进行修改。C 程序的错误不一定都在标记的错误行上，也
可能在标记错误行的上一行，本例中就是因为第 4 行末缺少分号导致了第 5 行编译时出错。

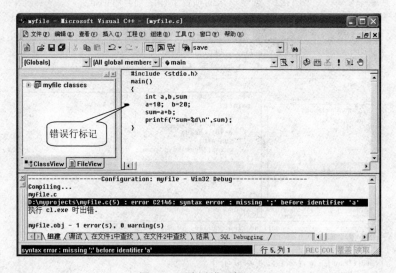

图 1-25　编译错误提示

2．连接程序

连接将生成可执行文件（.exe）。选择"组建"→"组建[myproj1.exe]"可以完成程序
的连接，生成可执行文件。此外也可以通过单击工具栏上的 按钮或按<F7>功能键进行连
接。类似地，连接后的结果也会出现在输出窗口中，如图 1-26 所示。如果连接失败，则同
样会显示出失败的具体原因。

14

图 1-26   程序连接结果

如果编译和连接都没有错误，VC 将会在程序源文件所在的路径下新建一个 Debug 文件夹，在其中可以找到编译生成的目标文件和连接生成的可执行文件。例如 myfile.obj 和 myfile.exe。

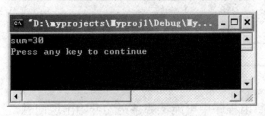

图 1-27   程序运行结果

3. 运行程序

选择"组建"菜单下的"执行[Myproj1.exe]"菜单项，即可运行当前程序。也可以通过单击 ! 按钮或按<Ctrl+F5>组合键启动程序的运行。开始运行后，将弹出一个 DOS 窗口，显示程序的运行结果，如图 1-27 所示。

程序在运行后，系统将自动显示一行提示信息"Press any key to continue（按任意键继续）"，用户按下任一键后将关闭该窗口，重新回到 Visual C++ 6.0 操作界面窗口。

4. 关闭工作区

当一个程序运行完毕后，要编写下一个程序前，应先关闭当前的工作区。关闭的方法是选择"文件"→"关闭工作空间"，此时会关闭工作区中所有已打开的文件。然后就可以再建立下一个 C 源程序文件了。

1.2.5   打开文件

要打开一个已存在的源文件，可以选择"文件"菜单的"打开"菜单项，在弹出的"打开"对话框中选择要打开的文件。也可以通过"文件"→"打开工作空间"进入"打开工作区"对话框，如图 1-28 所示。双击工作区文件（扩展名为.dsw），即可打开已有的工程，源程序文件也同时被打开了。

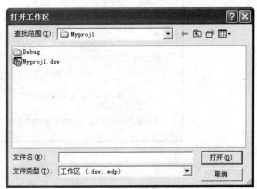

图 1-28   "打开工作区"窗口

1.2.6　调试程序

调试是为了发现程序中的错误，包括语法错误和逻辑错误。其中，语法错误能够在编译的过程中发现并修改；而逻辑错误往往无法直观地被发现，即程序通常能够被成功地编译和连接甚至执行，然而其执行结果却与预计的结果不同。逻辑错误的调试是比较困难的，因此，一般的程序开发环境都会提供完整的程序调试工具。下面将主要介绍如何使用 Visual C++ 6.0 中的调试工具发现程序中的逻辑错误。

程序调试需要用到调试工具栏，如图 1-29 所示。调试工具栏常用按钮说明见表 1-1。

图 1-29　调试工具栏

表 1-1　　　　　　　　　　　　　调试工具栏常用按钮说明

按　钮	功　　能	按　钮	功　　能
设置断点	调试
重新开始调试	单步运行
停止调试	从跟踪的函数中跳出
跟踪到函数中	运行到光标处

1.　设置断点

当需要调试程序的时候，可以首先大致判断出程序中可能从哪条语句开始出现问题，并将光标移动到该语句行，单击编译工具栏上的"设置断点"按钮，则在该语句行的左侧会出现一个红色的圆点，表明在该行上已经设置了断点。如图 1-30 所示。如果要取消断点，只要再单击一次"设置断点"按钮即可。

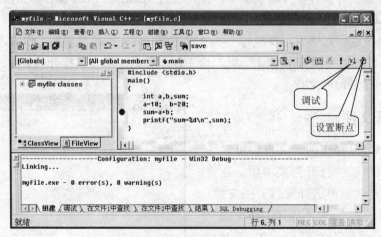

图 1-30　设置断点

2.　进入调试界面

设置好断点后，单击编译工具栏上的"调试"按钮，当程序运行到有断点的行时，就暂时停止,直接进入调试状态,如图 1-31 所示。代码行左侧的黄色箭头表示了程序的当前执行位置。屏幕下方左右两个窗口分别是变量窗口和观察窗口,可以看到变量的当前值,作为判断程序是否出错的参考。如果没有出现这两个窗口,可通过单击"查看"→"调试窗口"中相应的命令来打开。这时可以在观察窗口中输入变量名,观察变量的值是否是我们期望的值,在图 1-31 中右边观察窗口的"名称"列输入变量 a 和 b,在"值"列就会显示出该变量的当前值,分别是 10 和 20。

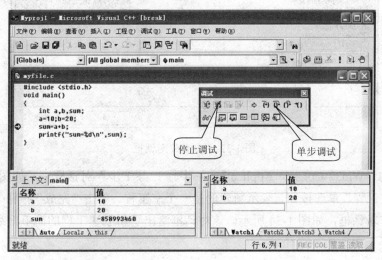

图 1-31　程序调试

可以单击调试工具栏上的"单步运行"按钮,一步一步地运行程序,观察变量值的变化。此时要想结束单步运行,使程序继续向下运行,可以再次单击调试工具栏上的"调试"按钮,而如果想结束程序运行,可以单击调试工具栏上的"停止调试"按钮,使程序结束运行。有关调试工具栏中的其他按钮可以在以后的调试过程中逐步熟悉。

1.2.7　创建包含多个文件的程序

前面介绍的是最简单的情况,即一个程序只包含一个源文件。如果一个程序包含多个源文件,则需要先创建一个工程,在这个工程中添加多个文件(包括源文件和头文件)。

在编译时,VC 分别对工程中的每个文件进行编译生成各自的目标文件。然后,把所得的目标文件以及用到的标准库函数所在库文件中的目标代码和启动代码连接起来生成一个可执行文件。最后,运行这个文件。

1. 新建一个工程

在 Visual C++ 6.0 主窗口的界面中,单击"文件"→"新建"菜单项,打开"新建"对话框。如图 1-32 所示。从打开的"新建"对话框中,单击"工程"选项卡,在其下方菜单中选择"Win32 Console Application(Win32 控制台应用程序)"。在右边"工程名称"文本框中输入工程名,例如输入 Myproj1;在"位置"文本框中输入或通过该框右边按钮选择一个待建立工程的存放路径,假定选择的目录为 D:\MYPROJECTS;然后单击"确定"按钮。

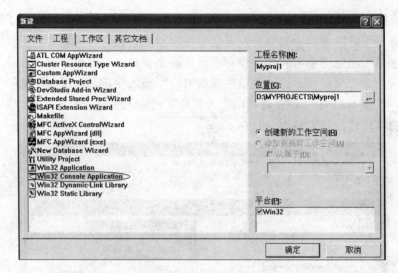

图 1-32　"新建"对话框

　　在弹出的"Win32 Console Application - 步骤 1 共 1 步"对话框中，如图 1-33 所示，选中"一个空工程"单选按钮，表示新建的是一个空工程。单击"完成"按钮。将出现"新建工程信息"对话框，如图 1-34 所示。该对话框给出了新创建工程的简单信息。注意：窗口底部显示了工程文件的路径。

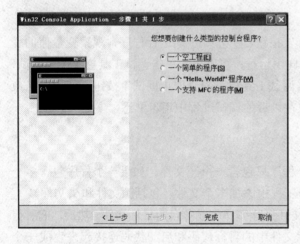

图 1-33　创建控制台应用程序第一步

图 1-34　"新建工程信息"对话框

　　最后单击"确定"按钮，完成工程的建立，进入编辑窗口，如图 1-35 所示。

　　单击工程节点前面的"+"可以展开该节点，看到工程中包含"Source Files（源文件）"、"Header Files（头文件）"和"Resource Files（资源文件）"文件夹节点，现在工程中不包含任何文件。

2. 向工程中添加多个文件

　　接下来向工程 Myproj2 中添加两个文件：一个是新文件；一个是已创建好的文件。

　　创建新文件，并添加到工程中，方法如下：

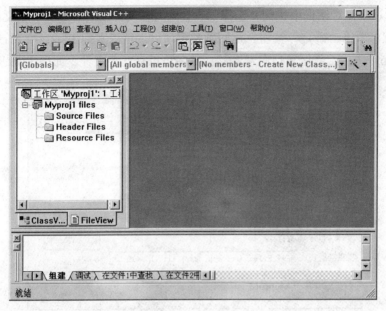

图 1-35 编辑窗口

选择"文件"→"新建"菜单项,弹出"新建"对话框。在"文件"选项卡下面的列表框中选择"C++ Source File";在右边"添加到工程"前打钩,选择添加到刚才新建的工程 Myproj2 中;在"文件名"输入框中输入 file1.c,单击"确定"按钮,返回到主窗口,如图 1-36 所示。此时在工作区窗口中单击 Source Files 节点前面的"+",展开后可以看到新添加的文件 file1.c。同时 VC 也打开了该文件的编辑窗口,现在可以在此窗口中输入程序代码了。

图 1-36 新建文件并添加到工程中

若要向当前工程中添加已存在的文件,方法如下:

选择"工程"→"增加到工程"→"文件"菜单项,打开"插入文件到工程"对话框,如图 1-37 所示，在对话框中找到并选择要添加的文件（可以同时选择多个文件），例如选中 file2.c，然后单击"确定"按钮。返回到主窗口后，可以看到 file2.c 文件已被添加到当前工程 Myproj2 中，工作区窗口中双击该文件名可以打开该文件，如图 1-38 所示。

图 1-37　　插入文件到工程

图 1-38　　包含两个文件的工程

3．编译、连接和运行程序

对每个源文件分别选择"组建"菜单中的"编译"菜单项对其进行编译。确保没有 Error 和 Warning 的情况下，选择"组建"→"组建[Myproj2.exe]"编译和连接工程 Myproj2，在输出窗口中会显示编译和连接的信息，如图 1-39 所示。如果没有编译和连接错误，则生成可执行文件。

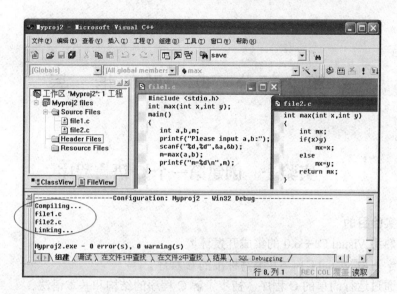

图 1-39   编译和连接包含多文件的程序

从输出窗口显示的信息可以看出，VC 对工程中的每个文件是逐个进行编译的，然后再把它们的目标文件连接起来生成一个可执行文件。

选择"组建"→"执行[Myproj2.exe]"菜单项，即可执行该程序。在弹出的 DOS 窗口中可以看到程序的运行结果，如图 1-40 所示。

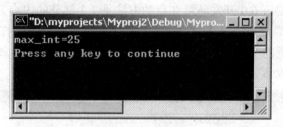

图 1-40   运行结果

第2部分 实 验 指 导

实验一 创建第一个 C 语言程序

一、实验目的

（1）熟悉 Visual C++ 6.0 的集成开发环境。

（2）学习用 Visual C++ 6.0 编写标准的 C 程序。

（3）通过运行简单的 C 程序，初步了解 C 程序的结构和基本语法。

二、实验内容和步骤

在 Visual C++ 6.0 开发环境下编译并运行 C 程序，并写出运行结果。

在第一次上机时，按以下步骤建立和运行 C 程序：

（1）在正在使用的计算机的硬盘上创建自己的工作目录,例如 D：\MYPROJECTS，即在 D 盘的根目录下创建文件夹 MYPROJECTS。工作目录用来保存本次实验中创建的所有程序文件。

（2）进入 Visual C++ 6.0 开发环境（启动方法见 1.2 部分的内容）。

（3）选择"文件"菜单，从下拉菜单中选择"新建"菜单项，打开"新建"对话框。

在"新建"对话框的"文件"选项卡中选择 C++ Source File，并输入文件名称 ex1_1.c，单击"确定"按钮，如图 2-1 所示。

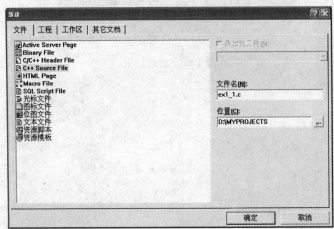

图 2-1 新建文件

（4）在程序编辑窗口中输入下面的程序代码，输入完成后如图 2-2 所示。

```
#include <stdio.h>
main()
```

```
{
  printf("现在是 时 分 秒。\n");
}
```

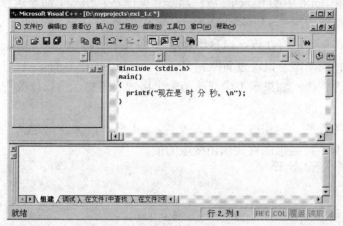

图 2-2 在文件编辑窗口中输入代码

（5）选择"文件"菜单中的"保存"命令保存该文件。

（6）选择菜单 Build（编译）中的 Compile *ex1_1.exe*（编译 *ex1_1.exe*），弹出如图 2-3 所示的询问对话框，单击"是"按钮，即可开始编译源程序。

图 2-3 询问对话框

编译系统检查源程序中有无语法错误，若有，则在主窗口下方的调试信息窗口中会显示错误信息，并指出错误的程序行行号和错误原因。根据这些错误信息对源程序进行修改后，重新编译，如果还有错，再重复此过程，直至编译不出错为止，如图 2-4 所示。

图 2-4 编译结果

（7）选择菜单命令 Build|Build *ex1_1.exe*（构建 *ex1_1.exe*），对程序进行连接，如果不出错，就会生成可执行程序 ex1_1.exe。

（8）选择菜单 Build 中的 Execute *ex1_1.exe*（执行 *ex1_1.exe*）命令运行该程序，在打开的控制台窗口中得到如图 2-5 所示的程序运行结果。

程序在运行结束前，将在该窗口自动显示出 "Press any key to continue" 提示信息，用户按下任意键后将关闭该窗口，重新回到 Visual C++ 6.0 操作界面窗口。

分析结果是否正确，如果不正确或认为输出格式不理想，可以修改程序，然后重新执行以上步骤（5）～（8）。

（9）现在按下面的代码修改 ex1_1.c 文件。 主要是添加变量定义声明语句，并修改 printf( )函数的参数，按要求的格式输出变量的值。

```c
#include <stdio.h>
main()
{
  int hour,minute,second;      //定义变量
  hour=20;                     //给变量赋值
  minute=13;
  second=12;
  //按要求的格式输出变量的值
  printf("现在是%d 时%d 分%d 秒。\n",hour,minute,second);
}
```

（10）编译和连接该程序。

（11）运行该程序，结果如图 2-6 所示。

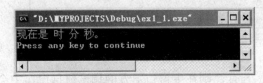

图 2-5　运行结果　　　　　　　　　　　图 2-6　运行结果

（12）选择 File 菜单中的 "Close Workspace（关闭工作区）" 关闭工作空间。

（13）参照步骤（3）～（12），重新在 D:\MYPROJECTS 下建立一个源程序文件 ex1_2.c，程序代码如下：

```c
#include <stdio.h>
main()
{
  int x,y,sum;
  x=20;  y=30;
  sum=x+y;
  printf("x+y=%d\n",sum);
}
```

运行结果为：_____

三、思考题及注意事项

（1）总结运行一个 C 程序的主要步骤。

1）_____

2）_____

3）_____

4）_____

（2）运行完一个源程序之后，一定要关闭当前的工作空间，然后再新建下一个源程序，否则将会影响后一个程序的运行。

（3）当程序在编译过程中发现错误时，注意输出窗口给出的提示信息，如果在提示出错的行找不到错误，应当到上一行查找。

（4）参照实验，编写一个 C 程序，输出以下信息：

```
* * * * * * * *
      very good!
* * * * * * * *
```

实验二　数据类型与表达式

一、实验目的

（1）掌握 C 语言基本数据类型的说明以及对变量赋值的方法。

（2）学会使用 C 的各种运算符及表达式，特别是自加、自减运算符的使用。

（3）掌握不同类型数据间的自动转换和强制转换。

（4）进一步熟悉 C 程序的编辑、编译、连接和运行的过程。

二、实验内容和步骤

（1）输入下面程序并运行，分析屏幕显示的结果。

1）求三个整数的和，注意整型常量的表示法。

```c
#include <stdio.h>
main()
{ int a=10,b=010,c=0x10;
  int d;
  d=a+b+c;
  printf("a=%d,b=%d,c=%d\n",a,b,c);
  printf("d=%d\n",d);
}
```

输出结果为：_____

_____

2）求两个浮点数的和，注意浮点常量的表示方法。

```c
#include <stdio.h>
main()
{ float a=1.5,b=12.5e-2,c;
  c=a+b;
  printf("c=%f\n",c);
}
```

输出结果为：_____

3）求关系表达式和逻辑表达式的值，注意"1"表示"真"，"0"表示"假"。

```c
#include <stdio.h>
main()
{ int a,b;
  a=15>5;
  printf("a=%d\n",a);
  b=(15>5)&&(15>10);
  printf("b=%d\n",b);
}
```

输出结果为：＿＿＿＿＿＿＿＿＿＿＿＿＿

＿＿＿＿＿＿＿＿＿＿＿＿＿

4）自增加、自减运算符的使用。

```c
#include <stdio.h>
main()
{ int a,b,i,j;
  i=10;
  j=12;
  a=i++;
  b=--j;
  printf("a=%d,b=%d,i=%d,j=%d\n",a,b,i,j);
  i=10;
  j=12;
  printf("i++=%d,--j=%d\n",i++,--j);
}
```

输出结果为：＿＿＿＿＿＿＿＿＿＿＿＿＿

＿＿＿＿＿＿＿＿＿＿＿＿＿

5）字符型变量的定义、赋值和输出。

```c
#include <stdio.h>
main()
{ char c1='a',c2='b',c3='c',c4='\101',c5='\116';
  printf("a%c b%c\tc%c\tabc\n",c1,c2,c3);
  printf("\t\b%c %c",c4,c5);
}
```

运行结果为：＿＿＿＿＿＿＿＿＿＿＿＿＿

＿＿＿＿＿＿＿＿＿＿＿＿＿

6）强制类型转换的使用。

```c
#include <stdio.h>
main()
{ int a,b,c,d;
  double x,y ;
  x=3.6 ; y=4.2;
  a=(int)(x+y);
  b=(int)x;
  c=a/b;
  d=a%b;
  printf("a=%d,b=%d\n",a,b);
  printf("c=%d,d=%d\n",c,d);
}
```

运行结果为：＿＿＿＿＿＿＿＿＿＿＿＿＿＿＿＿＿＿

＿＿＿＿＿＿＿＿＿＿＿＿＿＿＿＿＿＿

（2）根据要求编写程序，并上机运行。

输入一个华氏温度，要求输出摄氏温度。输出要有适当的文字说明，取小数点后三位数字。公式为 $c = \dfrac{5}{9}(f - 32)$，其中 c 表示摄氏温度，f 表示华氏温度。

三、思考题及注意事项

（1）假设有 char c1,c2;，则下面三种给变量赋值的形式是否正确？为什么？

c1='a';　　　c2='b';

c1="a";　　　c2="b";

c1=98;　　　c2=400;

（2）数学上，表达式 1/2 的结果是 0.5，但在 C 语言中，其值为 0，如何才能得到正确结果？

（3）赋值运算符"="和数学中的等号不同，赋值运算符只进行赋值操作，即将表达式（常量、变量）的值赋给左边的变量，因此赋值运算符左边的运算对象只能是变量。

（4）若 x 为 unsigned 型变量，则执行以下语句输出的 x 值分别是多少？为什么？

```
unsigned int x=65535;
printf("%u\n",x);
printf("%d\n",x);
printf("%x\n",x);
```

（5）如果程序在编译时发现很多错误，此时应从上到下逐一改正，或改一个错误，重新再编译，因为有时一个错误会引起产生很多错误信息。

实验三　基本输入输出的实现

一、实验目的

（1）掌握基本的数据输入输出方法，能正确使用各种格式转换符。

（2）掌握顺序结构程序设计的方法。

（3）了解程序设计过程中常用的基本算法。

二、实验内容和步骤

（1）输入下面程序并运行，分析屏幕显示的结果。

1）大小写字母的转换。

```c
#include <stdio.h>
main()
{ char c;
  c='A';
  printf("c=%c,c=%d\n",c,c);
  c=c+32;
  printf("c=%c,c=%d\n",c,c);
}
```

运行结果为：_____

　　　　　　　_____

2）按指定格式输入输出数据。

```c
#include <stdio.h>
main()                              //行1
{                                   //行2
 int a,b;                           //行3
 char c,d;                          //行4
 scanf("%d%d\n",&a,&b);             //行5
 scanf("%c%c",&c,&d);              //行6
 printf("a=%d,b=%d\n",a,b);         //行7
 printf("c=%c,d=%c\n",c,d);         //行8
 }                                  //行9
```

① 按指定格式输入数据，使得 a=3,b=4,c='w',d='e'

输入：_____

　　　_____

输出：_____

　　　_____

② 若将第 5 行改为：　　　scanf("%d:%d\n",&a,&b);

将第 6 行改为：　　　scanf("%c　%c",&c,&d);

按指定格式输入数据，使得 a=3,b=4,c='w',d='e'

输入：_____

　　　_____

输出：_____

　　　_____

3）按指定格式输出数据。

```c
#include <stdio.h>
main()
{ int a=1124;
  double x=30.1415;
  printf("a=%+6d,a=%-6d\n",a,a);
  printf("f=%f,f=%7.3f\n",x,x);
}
```

运行结果为：_____

_____

4）下面是求梯形面积的程序，从键盘输入梯形的上底、下底和高的值。分析程序的执行过程，写出输入输出形式。

```c
#include <stdio.h>
main()
{   float a,b,h,area;
    printf("please input a,b,h:");
    scanf("%f,%f,%f",&a,&b,&h);
    area=(a+b)*h/2;
    printf("a=%7.2f,b=%7.2f,h=%7.2f\n",a,b,h);
    printf("area=%7.2f\n",area);
}
```

输入：　please input a,b,h:

　　　　_____

输出：　_____

_____

_____

5）指出以下程序的错误并改正，然后上机调试通过。

```c
#include <stdio.h>
main()
{ float a;                      错误1：_____
  char c;                       正确1：_____
  scanf("%f",a);                错误2：_____
  printf("a=%f\n",a);           正确2：_____
  c=A;
  printf("%d\n",c);
}
```

（2）根据要求编写程序，并上机运行。

1）编写显示如下菜单界面的程序：

成绩处理程序

1----成绩登录　　2----成绩修改

3----求总成绩　　4----求平均成绩

5----成绩排序　　6----打印成绩单

0----退出程序

2）输入一个球的半径，求出球的表面积、体积。用 scanf 输入数据。输入输出时要有适当的文字说明，输出结果中取小数点后两位数字。

提示：球体的表面积 $= 4\pi r^2$，球体的体积 $= \dfrac{4}{3}\pi r^3$，其中 r 为半径。

三、思考题及注意事项

（1）输出结果中取小数点后三位小数，可使用格式 printf("%.3f",y);为使输出内容清晰，注意"\n"的使用，可放在 printf 格式串的开始或结尾。

（2）在 scanf( )函数中用到的是变量地址而不是变量，注意不要忘记在变量前加上取地址符"&"。如：int x;   scanf("%d",&x);

（3）在 scanf( )函数中避免使用不必要的普通字符，因为这样会由于需要原样输入而导致学习者难以做到正确输入。如：scanf("%d\n",&x);

（4）当用户屏幕上显示内容太多时，可使用清屏函数（VC++6.0 环境下）：

system("cls");

通常用在 main( )函数的变量定义之后或输出操作之前。它包含在 stdlib.h 头文件中。注意 TC 环境下清屏函数改用 clrscr( )。它包含在 conio.h 头文件中。

实验四 选择结构程序设计

一、实验目的

（1）熟练掌握用 if 语句和 switch 语句编程的方法。

（2）学会正确使用逻辑运算符和逻辑表达式。

（3）结合程序掌握一些简单的算法。

（4）学习调试程序。

二、实验内容和步骤

（1）上机调试程序，请修改下面程序中不正确的地方。

从键盘上输入两个整数，按从小到大的顺序输出。

```
#include <stdio.h>
main()
{   int a,b,c;
    printf("please input a,b:");
    scanf("%d,%d",&a,&b);
    if(a>b)
    c=a;  a=b;  b=c;
    printf("%d,%d\n",a,b);
}
```

错误：

_____

正确：

_____

（2）阅读分析下列程序，上机实现程序运行，写出其运行结果。

1）
```
#include <stdio.h>
main()
{   int score;
    printf("score=");
    scanf("%d",&score);
    if(score>=60)
        printf("pass!\n");
    else
        printf("not pass!\n");
}
```

若运行时从键盘上输入 85，则输出结果为：_____

2）
```
#include <stdio.h>
main()
{    int k;
    printf("k=");
    scanf("%d",&k);
    switch(k)
    { case 1: printf("%d   ",k++);
      case 2: printf("%d   ",k++);
      case 3: printf("%d   ",k++);
      case 4: printf("%d   ",k++); break;
      default:printf("Full!");
    }
    printf("\n");
}
```

当输入 1 时输出结果为：_____

当输入 3 时输出结果为：_____

3）
```
#include <stdio.h>
main()
{   float x,y;
    printf("x=");
    scanf("%f",&x);
    if(x<0.0)
            y=0.0;
    else if(x<5.0 && x!=2.0)
```

```
                y=1/(x+2.0);
        else if(x<10.0)
                y=1.0/x;
            else
                y=10.0;
        printf("y=%f\n",y);
    }
```

若运行时从键盘上输入 2.0，则输出结果为：＿＿＿＿＿＿＿＿＿＿＿＿＿＿。

（3）根据要求编写程序，并上机运行。

1）求下面分段函数的值。

$$y = \begin{cases} 0 & (x<-10) \\ \sqrt{x+10} & (-10 \leqslant x<100) \\ 5x+1 & (x \geqslant 100) \end{cases}$$

从键盘输入 x 的值（分别为 x<-10，x=-10～100，x≥100 三种情况），求 y 的值。

2）在屏幕上显示一张时间表：

　　　1. morning

　　　2. afternoon

　　　3. night

操作人员根据提示（Please input：）进行选择，程序根据输入的时间序号显示相应的问候信息，比如：输入 1，显示 "Good moring！"。用 switch 语句实现。

三、思考题与注意事项

（1）求平方根时要用到数学函数 sqrt(double　x)，其中 x≥0，注意在源程序中第一行应该使用以下预编译命令：

　　#include <math.h>　　或　　#include "math.h"

（2）将相等关系判断语句如 if(x==0)误写成 if(x=0)，这样表达式的结果将永远是"假"，而不可能是"真"。

例如判断 a,b 是否相等时，用 if(a==b)，而不是 if(a=b)。

（3）if 条件结构中要执行的语句超过 1 条时，必须加{ }，否则可能出现意想不到的结果。

（4）if(x)与 if(x!=0)等价，而不是与 if(x==1)等价。

实验五　循环结构程序设计

一、实验目的

（1）熟悉用 while 语句，do-while 语句和 for 语句实现循环的方法。

（2）掌握在程序设计中用循环的方法实现各种算法。

二、实验内容和步骤

（1）上机调试程序，请修改下面程序中不正确的地方。

求 100 以内是 7 倍数的最大整数。

```
#include <stdio.h>
main()
{ int  i;                    错误：
  for(i=100;i>=0;i++)        _____
  {                          正确：
    if(i%7==0)     break;    _____
  }
    printf("%d\n",i);
}
```

（2）阅读分析下列程序，上机实现程序运行，写出其运行结果。

1）
```
#include <stdio.h>
#include <stdlib.h>  //调用 system("cls")需要用到此头文件
main()
{ int i,j;
  system("cls");   //清屏函数，TC 下用 clrscr()
  for(i=1;i<=9;i++)
   for(j=1;j<=i;j++)
   { printf("%d*%d=%d",j,i,j*i);
     putchar((i==j)?'\n':'\t');
   }
}
```

运行结果为: ＿＿＿＿＿＿＿＿＿＿＿＿＿＿＿＿＿
＿＿＿＿＿＿＿＿＿＿＿＿＿＿＿＿＿＿＿＿
＿＿＿＿＿＿＿＿＿＿＿＿＿＿＿＿＿＿＿＿
＿＿＿＿＿＿＿＿＿＿＿＿＿＿＿＿＿＿＿＿
＿＿＿＿＿＿＿＿＿＿＿＿＿＿＿＿＿＿＿＿
＿＿＿＿＿＿＿＿＿＿＿＿＿＿＿＿＿＿＿＿
＿＿＿＿＿＿＿＿＿＿＿＿＿＿＿＿＿＿＿＿

2）
```
#include <stdio.h>
main()
{ float r;
  float  area;
  for(r=1;r<=10;r++)
  { area=3.14*r*r;
    if(area>100)   break;
    printf("r=%f\t area=%f\n",r,area);
  }
}
```
运行结果为: ＿＿＿＿＿＿＿＿＿＿＿＿＿＿＿＿
＿＿＿＿＿＿＿＿＿＿＿＿＿＿＿＿＿＿＿＿
＿＿＿＿＿＿＿＿＿＿＿＿＿＿＿＿＿＿＿＿
＿＿＿＿＿＿＿＿＿＿＿＿＿＿＿＿＿＿＿＿
＿＿＿＿＿＿＿＿＿＿＿＿＿＿＿＿＿＿＿＿

（3）按下列题目要求编写程序，然后上机调试运行程序。

1）编写程序，求满足 1+2+3+⋯+n>1000 时的最小 n 及其和值。

2）计算 $s=1-\dfrac{1}{2}+\dfrac{1}{3}-\dfrac{1}{4}+\dfrac{1}{5}-\cdots$ 的近似值，直到最后一项的绝对值小于10^{-6}为止。

3）打印输出 50～100 的全部素数。要求每行输出 5 个数据。

三、思考题及注意事项

（1）注意字母、空格和数字字符的表示方法——直接加上单引号即可。例如：'S'，' '，'8'。

（2）程序不要构成无限循环，一旦构成了无限循环，运行时用 Ctrl+Break 组合键中止，检查程序。

（3）在 while 语句和 do~while 语句的循环体中，必须有使循环趋于结束的语句，如果没有，则构成无限循环；while 语句的条件后和 for 语句的 for 表达式后一般无分号，如有，则构成无限循环。如：for(i=1;i<=10;i++); s=s+i;

（4）循环体有多个语句时，必须加 { } 形成复合语句，否则，结果出错或构成无限循环。

实验六 函 数

一、实验目的

（1）掌握定义函数的方法。

（2）掌握函数实参与形参的对应关系，以及"值传递"的方法。

（3）掌握函数的嵌套调用和递归调用的方法。

（4）掌握全局变量、局部变量、动态变量和静态变量的概念和使用方法。

二、实验内容和步骤

（1）阅读分析下列程序，上机实现程序运行，写出其运行结果。

```
1)  #include <stdio.h>
    extern float f;
    int a=10;
    void fuc()
    { int a=-1;
```

```
        f=5.8f;
        printf("a=%d, f=%f\n",a,f);
    }
    float f=-3.0f;
    main()
    {   printf("a=%d, f=%f\n",a,f);
        fuc();
        printf("a=%d, f=%f\n",a,f);
    }
```
运行结果为：_____

               _____

               _____

2）
```
    #include <stdio.h>
    void f(int);
    main()
    {   auto int  i;
        for(i=1;i<=5;i++)
            f(i);
    }
    void f(int j)
    {   static a=100;
        auto k=1;
        ++k;
        printf("%d+%d+%d=%d\n",a,k,j,a+k+j);
        a+=10;
    }
```
运行结果为：_____

               _____

               _____

               _____

               _____

（2）按下列题目要求编写程序，然后上机调试运行程序。

1）函数 isprime 的功能是：判断正整数 n 是否为素数，若是，函数返回 1，否则，函数返回 0。
```
#include <stdio.h>
#include <math.h>
int isprime(int n)
{




}
```

```
main()
{ int n,k=1;
  printf("Input n=");
      scanf("%d",&n);
  k=isprime(n);
  if(k!=0)
      printf("%d is not a prime!\n",n);
  else
      printf("%d is not a prime!\n",n);
}
```

2）从键盘输入大圆半径，调用函数，计算如图 2-7 所示的阴影部分的面积。

图 2-7　计算阴影面积

三、思考题及注意事项

（1）函数调用时，实参传递数据给形参，实参和形参在类型、个数和顺序上必须一致，以便正确地将实参的数据传递给形参。

（2）函数调用结束后会自动返回到调用处，而后继续执行下面的语句。

（3）函数定义中允许有多个 return 语句，但每次最多只能有一个 return 语句被执行，因此只能返回一个函数值。函数如果不需要返回值，则类型应说明为 void。

（4）当一非 int 型函数定义在其主调函数之后，则应在主调函数中对函数原型进行说明，否则，调试时会出现类型不匹配的错误。

实验七 数 组

一、实验目的

（1）掌握一维数组和二维数组的定义、赋值及输入输出的方法。

（2）掌握字符数组和字符串函数的使用。

（3）掌握与数组有关的排序算法。

二、实验内容和步骤

（1）上机调试程序，请修改下面程序中不正确的地方。

1）定义一数组，从键盘上输入各个元素值，并在屏幕上显示。

```
#include <stdio.h>
main()
```

```
{ int n=4,i;                        错误:
  int array[n];                     _____
  for(i=0;i<4;i++)                  正确:
     scanf("%d",&array[i]);         _____
  for(i=0;i<=4;i++)
     printf("%d \n",array[i]);
}
```

2）将数组 a 和数组 b 中对应元素之和赋给数组 c[3][2]。

```
#include <stdio.h>
main()
{ int a[3][2]={1,2,3,4,5,6};        错误 1:
  int b[3][2]={1,2,3,4,5,6};        _____
  int  c[3][2];                     正确 1:
  int  i,j;                         _____
  for(i=0;i<2;i++)                  错误 2:
    for(j=0;j<=1;j++)               _____
    {                               正确 2:
      c[i][j]=a[i][j]+b[i][j];      _____
      printf("%d+%d=%d\n",a[i,j],b[i,j],c[i,j]);
    }
}
```

（2）阅读分析下列程序，上机实现程序运行，写出其运行结果。

1）
```
#include <stdio.h>
main()
{ int a[3][3]={{1,2,3},{4,5,6},{7,8,9}};
  int i,j,sum1=0,sum2=0;
  for(i=0;i<3;i++)
    for(j=0;j<3;j++)
    { if(i==j)    sum1+=a[i][j];
      if(i+j==2)  sum2+=a[i][j];
    }
  printf("sum1=%d, sum2=%d\n",sum1,sum2);
}
```

运行结果为：_____

2）
```
#include <stdio.h>
main()
{ int s[8]={36,25,48,14,55,40,50,24};
  int i,min1,min2;
  min1=min2=s[0];
  for(i=1;i<8;i++)
     if(s[i]<min1)
       { min2=min1;min1=s[i];  }
     else if(s[i]<min2)
             min2=s[i];
     printf("min=%d\tmin2=%d\n",min1,min2);
}
```

运行结果为：_____

3）
```
#include <stdio.h>
#include <string.h>
main()
```

```
{ char str1[50],str2[50];
    strcpy(str1,"Hello, ");
    strcpy(str2,"Wang!");
    strcat(str1,str2);
    printf("str1[]=");
    puts(str1);
    printf("str2[]=%s\n",str2);
}
```

运行结果为：＿＿＿＿＿＿＿＿＿＿＿＿＿＿＿

　　　　　　＿＿＿＿＿＿＿＿＿＿＿＿＿

（3）按下列题目要求编写程序，然后上机调试运行程序。

1）有一个数列，它的第一项为 0，第二项为 1，以后每一项都是它的前两项之和，试产生出此数列的前 20 项，并显示输出，要求每行输出 5 个数。

$$f(n) = \begin{cases} 0 & (n=1) \\ 1 & (n=2) \\ f(n-2)+f(n-1) & (n>2) \end{cases}$$

2）定义一个 3×4 的矩阵，编程求出其中最大的那个元素的值及其所在的行号和列号。

3）编写一个函数，其功能是实现对数组中的 n 个整数用冒泡法从小到大进行排序。

```
#include <stdio.h>
#define N 10
void sort(int s[],int n);
main()
```

```
{   int a[N];
    int i;
    printf("请输入%d个整数:",N);
    for(i=0;i<N;i++)
        scanf("%d",&a[i]);
    sort(a,N);
    printf("排序后结果:");
    for(i=0;i<10;i++)
        printf("%3d",a[i]);
    printf("\n");
}
void sort(int s[],int n)
{



}
```

三、思考题及注意事项

（1）定义数组时，其长度必须指定且必须是常量或符号常量。

（2）由于C语言不会自动检查数组下标越界错误，所以在实际应用中很容易出现下标越界的错误，因此要时刻注意在程序运行中不要让下标越界。

（3）通过scanf( )函数用"%s"格式输入字符串时，遇到空格或回车符，系统将认为输入字符串结束。用gets( )函数输入的字符串中可以包括空格，但不包括回车符。

（4）字符串用%s格式整体输入和输出时，其输入输出项均为数组名。

（5）初始化二维数组时，列长度在任何情况下都不能省略。如int [ ][3]={{1,2,3},{3,2,1}};

实验八　指　针

一、实验目的

（1）了解指针的概念，学会定义和使用指针变量。

（2）掌握指针与变量、数组的关系及使用方法。

（3）学会使用指向字符串的指针变量。

二、实验内容和步骤

（1）上机调试程序，请修改下面程序中不正确的地方。

1）以下程序功能是求两个数之和。

```
#define N 10
main()
{    int a,b,c;                     错误1:_____
     int *p1,*p2;
```

```
        p1=&a;                          正确1:
        p2=&b;
        scanf("%d%d",&p1,&p2);   错误2:
        c=p1+p2;
        printf("%d\n",c);               正确2:
    }
```

2)
```
#include <stdio.h>
main()
{   float x;                        错误:
    int *p;
    x=3.45;                         正确:
    p=&x;
    printf("%f\n",*p);
}
```

（2）阅读分析下列程序，上机实现程序运行，写出其运行结果。

1)
```
#include <stdio.h>
void splitfloat(float x, int *intpart, float *fracpart)
{ *intpart=(int)x;
  *fracpart=x-*intpart;
}
main()
{ int n;
  float x,f;
  x=3.913f;
  splitfloat(x,&n,&f);
  printf("Integer Part=%d, Fraction Part=%f\n",n,f);
  x=-4.75f;
  splitfloat(x,&n,&f);
  printf("Integer Part=%d, Fraction Part=%f\n",n,f);
}
```

运行结果为：_____

_____

2)
```
#include <stdio.h>
void f1(int x,int y)
{ int t;
  t=x;   x=y;   y=t;
}
void f2(int *x,int *y)
{ int t;
  t=*x;   *x=*y;   *y=t;
}
main( )
{ int x,y;
  x=10;y=20;
  printf("x=%d,y=%d\n",x,y);
  f1(x,y);
  printf("f1:x=%d,y=%d\n",x,y);
  f2(&x,&y);
  printf("f2:x=%d,y=%d\n",x,y);
}
```

运行结果为：_____

_____

_____

3）
```c
#include <stdio.h>
main()
{   char s[]="abcdefg";
    char *p=s;
    int i;
    for(i=0;i<8;i+=2)
        printf("%s\n",p+i);
}
```
运行结果为：_____

_____

_____

_____

4）有一个 C 语言程序，名为 echo.c，其内容为：
```c
#include <stdio.h>
main(int argc,char *argv[ ])
{
    while(argc-->1)
        printf("%s\n",*++argv);
}
```
若命令行输入为：echo BASIC FORTRAN PASCAL

输出结果为：_____

_____

_____

_____

（3）按下列题目要求编写程序，然后上机调试运行程序。

1）判断输入的字符串是否为回文（如"xyzzyx"和"xyzyx"的中心对称），要求用指针变量实现。

2）编写一函数 len，其功能是求一个字符串的长度，并返回输出。
```c
#include <stdio.h>
```

```
int len(char *p);
main()
{   int length=0;
    char str[50];
    printf("please input a string:");
    scanf("%s",str);
    length=len(str);
    printf("str=%s,length=%d\n",str,length);
}
int len(char *p)
{



}
```

3）编写函数 maxmin，其功能是从数组 a 的 n 个元素中找出最大值和最小值。

```
#include <stdio.h>
void maxmin(int a[],int n,int *p1,int *p2);
main()
{   int s[10],i,mx,mi;
    printf("please input 10 datas:");
    for(i=0;i<10;i++)
      scanf("%d",&s[i]);
    maxmin(s,10,&mx,&mi);
    printf("max=%d,min=%d\n",mx,mi);
}
void maxmin(int a[],int n,int *p1,int *p2)
{



}
```

4）编写函数 fun，其功能是依次取出字符串中所有数字字符，形成新的字符串，并取代原字符串。例如："abc123de456"，则新串为"123456"。

```
#include <stdio.h>
void fun(char *s);
main()
{   char s[80];
    printf("Please input a string:");
    gets(s);
```

```
        fun(s);
        printf("new string:%s\n",s);
}
void fun(char *str)
{



}
```

三、思考题及注意事项

（1）使用指针变量之前必须初始化指针变量，如果暂时不能初始化，也可以给指针变量赋值 NULL。如：int *p=NULL；

（2）当用一字符串给一字符型指针变量赋值时，是把该字符串的首地址赋给它，而不是该串。字符型指针变量的目标是一个字符，而不是整个字符串。如：char *p="abcd"; p 指向字符串的首地址，而*p 的值是字符'a'。

（3）main( )函数的形参可采用其他名字，它接收命令行传来的数据。

实验九 结构体、共用体和枚举

一、实验目的

（1）掌握结构体类型的定义、结构体变量的定义和使用。

（2）掌握结构体类型数组的概念和使用。

（3）掌握共用体和枚举的概念与使用。

二、实验内容和步骤

（1）上机调试程序，请修改下面程序中不正确的地方。

```
#include <stdio.h>
struct student
{   char name[16];          错误：_____
    int age;
}stu[10],*p;                正确：_____
main( )
{   struct student stu[10],*p;
    p=stu;
    scanf("%s",stu[0].name);
    scanf("%d",(p->age));
    printf("Name:%s,Age=%d\n",stu[0].name,p->age);
}
```

（2）阅读分析下列程序，上机实现程序运行，写出其运行结果。

1）
```c
#include <stdio.h>
union  workers
{   char *name;
    int old;
    int salary;
};
main()
{   union workers list;
    list.name="Li Ming";
    printf("%8s\n",list.name);
    list.old=24;
    printf("%2d old\n",list.old);
    list.salary=413;
    printf("%d yuan\n",list.salary);
}
```
运行结果为：_____

_____

_____

2）
```c
#include <stdio.h>
#include <string.h>
struct  Student
{   char name[10];
    char sex[3];
    int age;
    char address[50];
};
main()
{   struct Student stu1={"李军学","男",23,"郑州市"};
    printf("姓  名\t性别\t年龄\t籍  贯\n");
    printf("%s\t%s\t%d\t%s\n",stu1.name,stu1.sex,
           stu1.age,stu1.address);
    strcpy(stu1.name,"张  艳");
    strcpy(stu1.sex,"女");
    stu1.age=20;
    strcpy(stu1.address,"上海市");
    printf("%s\t%s\t%d\t%s\n",stu1.name,stu1.sex,
           stu1.age,stu1.address);
}
```
运行结果为：_____

_____

_____

3）
```c
#include <stdio.h>
struct person
{ int num;
  char name[10];
};
main()
{ int i;
  struct person s[3]={{10,"Rose"},{20,"Jack"},{30,"Linda"}};
```

```
    printf("编号\t 姓名\n");
    for(i=0;i<3;i++)
        printf("%d\t%s\n",s[i].num,s[i].name);
}
```

运行结果为：_____

_____

_____

_____

4）
```
#include <stdio.h>
enum month
{   January,March,May, July,August,October,December};
main()
{   enum month m;
    m=May;
    printf("%d\n",m);
    m=December;
    printf("%d\n",m);
}
```

运行结果为：_____

_____

（3）按下列题目要求编写程序，然后上机调试运行程序。

1）定义一个结构体 employee，其成员包括：员工编号、姓名、性别、年龄、工资和住址。从键盘输入所需的具体数据，然后显示输出。

```
#include <stdio.h>
struct  employee
{   char num[5];
    char name[11];
    char sex[3];
    int age;
    int salary;
    char addr[50];
};
```

2）定义一个名为 book 的结构体，用于存储图书的记录信息，其中有编号（num）、书名（name）和数量（amount）三项信息，编写函数 inputBook，从键盘输入图书的记录信息；编写函数 outputBook，在屏幕上显示图书的信息。要求用结构体数组作为函数参数。

编号	书名	数量
101	Math	20
102	English	30
103	Computer	22

```c
#include <stdio.h>
void inputBook(struct book bk[],int n);
void outputBook(struct book bk[],int n);
struct book
{ char num[5];
  char name[11];
  int amount;
};
main()
{ struct book b[3];
  inputBook(b,3);
  outputBook(b,3);
}
void inputBook(struct book *p,int n)
{



}
void outputBook(struct book *p,int n)
{




}
```

三、思考题及注意事项

（1）结构体变量不能直接进行输入输出操作，只能对结构体变量成员进行输入输出操作。结构体变量可以进行赋值操作。

（2）结构体成员变量也是变量，它具有变量的全部属性，变量取地址操作要用到取地址符号"&"。例如：

```c
struct student
{ int num;
  char name[11];
  int age;
```

```
}stu,*sp;
  sp=&stu;
```

则下面的输入操作均正确：

```
  scanf("%d",&stu.num); 或 scanf("%d",&sp->num);
  scanf("%s",stu.name); 或 scanf("%s",sp->name);
```

（3）不能给共用体变量初始化；不能给共用体变量赋值；不能直接访问共用体变量。

例如：

```
union data
{ int i;
  char ch;
  float f;
};
union data  a={12,'c',12.5};        //不能初始化共用体变量
a=12;                               //不能给共用体变量赋值
printf("a=%c\n");                   //不能直接访问共用体变量
```

实验十　文　　件

一、实验目的

（1）了解文件、文件指针的概念。

（2）学会使用文件打开、关闭、读、写等文件操作函数。

（3）学会用文件缓冲系统对文件进行简单的操作。

二、实验内容和步骤

（1）上机调试程序，请修改下面程序中不正确的地方。

程序的功能是向文件 **file1** 中输出十个字符串"How are you?"。

```
#include <stdio.h>                          错误1：_____
#include <stdlib.h>
main()                                      正确1：_____
{ int *fp;
  int k;
  if((fp=fopen("file1","w"))==NULL)         错误2：_____
    {   printf("cannot open file1\n");
        exit(0);
    }                                       正确2：_____
  for(k=0;k<10;k++)
      fputs("How are you?",fp);
  fclose("file1");
}
```

（2）阅读分析下列程序，上机实现程序运行，写出其运行结果。

```
#include <stdio.h>
#include <stdlib.h>
main()
{ FILE *fp;
  char ch;
  if((fp=fopen("file1.dat","w"))==NULL)
```

```
    {   printf("cannot open file1\n");
        exit(0);
    }
    ch=getchar();
    while(ch!='#')
    {   fputc(ch,fp);
        putchar(ch);
        ch=getchar();
    }
    putchar('\n');
    fclose(fp);
}
```

程序运行时，输入 Turbo#，则输出结果为：＿＿＿＿＿＿＿＿＿＿

（3）按下列题目要求编写程序，然后上机调试运行程序。

1）从键盘输入 10 个整数存放在数组 a 中，并将数组 a 中的数据"写"到 D 盘 myprojects 文件夹中的 file.txt 文件中。

2）从上题所建立的文件 file.txt 中，"读"出所有数据并存放到数组 a 中，且将数组 a 中的内容和所有数据的和显示在屏幕上。

3）已知将 3 本书的信息（编号、书名和数量）存放在结构体数组 bk 中。编写程序将这些信息写到文件 file1.txt 中，再从文件 file1.txt 中读出信息，并将数量增加 10。

编号	书名	数量
101	Math	20
102	English	30
103	Computer	22

三、思考题及注意事项

（1）使用文件之前必须打开文件，对文件操作完毕后一定要关闭文件。

（2）当读文件时，一定保证指定路径上有该文件，否则，打开文件失败。

（3）当写文件时，一定保证指定盘上有足够的存储空间，否则，写文件失败。

（4）用 r，rb 方式打开一个文件时，必须对文件打开操作的情况进行相应的检查，否则，将不能进行相应的操作。检查语句如下：

```
if((fp=fopen("test.dat","r"))==NULL)
{    printf("cannot open this file!\n");
     exit(0);
}
```

第3部分　课　程　设　计

3.1　通 讯 录 管 理 系 统

3.1.1　功能描述

　　该题目要求设计一个通讯录管理系统，该程序要求能实现对通讯录中的记录信息进行添加、浏览、查询、排序、修改、删除等功能。系统功能分为如图 3-1 所示的功能模块。

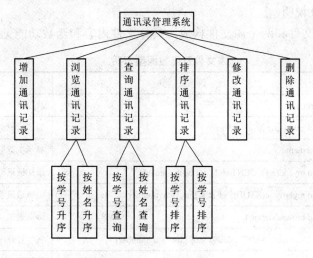

图 3-1　程序模块图

3.1.2　基本要求

　　（1）本程序要求实现对通讯录中学生信息的添加、修改、删除、浏览、查询和排序 6 个功能，每个功能模块均能实现随时从模块中退出，而且可以选择不同的方式实现所需功能，从而完成一个通讯录管理系统所需的功能。

　　（2）学生信息包括学号、姓名、性别、电话、家庭住址等信息，定义结构体存储每个学生的基本信息，并使用结构体数组来存储所有学生的信息。

　　（3）使用二进制文件完成学生信息的存储与读取，要求每次运行某个操作时可以将文件数据读入结构体中，并给用户提供保存选项，可以将结构体中的数据保存在二进制文件中。

　　（4）进入系统需要密码验证，系统以菜单方式工作。

3.1.3 算法分析

在通讯录管理系统中，以一个班级的学生人数为参考，预设记录数为 50。通讯录除了能够增加、修改、删除记录信息外，更多的情况是查询，且能够实现快速查询，所以选用全局数组保存数据，实现多种查询方式。

1. 数据结构

设计一个存储一条学生信息的结构体，可参考使用下述的结构体数据类型定义：

```
struct student              //定义学生结构体
{
    char num[10];           //学号
    char name[10];          //姓名
    char sex;               //性别，F 表示男，M 表示女
    char tel[2][15];        //电话，可存放 2 个电话号码
    char addr[40];          //家庭住址
}
```

2. 函数定义及说明

程序由一个头文件和两个源文件构成，具体文件内容和函数功能见表 3-1。

表 3-1 文件及函数原型声明

源文件/头文件	函 数 原 型	功 能 说 明
main.c	main( )	总控整个程序，处理菜单操作
	void password( )	验证用户密码
	void menu( )	显示主菜单界面
tongxunlu.c	void myadd(STUDENT stu[ ],int *stu_number)	添加通讯记录
	void mybrowse(STUDENT stu[ ],int *stu_number)	浏览通讯录
	void browseMenu( )	浏览通讯录子菜单
	void browse_num(STUDENT stu[ ],int *stu_number)	按学号升序浏览记录
	void browse_name(STUDENT stu[ ],int *stu_number)	按姓名升序浏览记录
	void mysearch(STUDENT stu[ ],int *stu_number)	查询通讯录
	void searchMenu( )	查询通讯录子菜单
	void search_num(STUDENT stu[ ],int *stu_number)	按学号查询记录
	void search_name(STUDENT stu[ ],int *stu_number)	按姓名查询记录
	void mysort(STUDENT stu[ ],int *stu_number)	排序通讯记录
	void sortMenu( )	排序通讯记录子菜单
	void sort_num(STUDENT stu[ ],int *stu_number)	按学号排序
	void sort_name(STUDENT stu[ ],int *stu_number)	按姓名排序
	void mydelete(STUDENT stu[ ],int *stu_number)	删除通讯记录
	void del_num(STUDENT stu[ ],int *stu_number)	按学号删除通讯记录
	void del_name(STUDENT stu[ ],int *stu_number)	按姓名删除通讯记录

源文件/头文件	函 数 原 型	功 能 说 明
tongxunlu.c	void mymodify(STUDENT stu[ ],int *stu_number)	修改通讯记录
	void save(STUDENT stu[ ],int count,int flag)	数据存入文件
	void load( )	从文件中读取数据
tongxunlu.h	静态变量及常量定义	
	结构体定义	
	库函数及自定义函数声明	

3.1.4 实现过程

（1）通讯录中每个学生的基本信息至少应有学号、姓名、电话和家庭住址，所以定义一个结构体来保存学生信息。用一个结构体类型的数组 stu 来保存一个班学生的信息。用宏定义符号 MAXNUM 来规定这个数组的大小。用变量 stu_number 来表示通讯录中实际的学生人数。变量 count 表示每次直接操作的记录数。

（2）函数 save(STUDENT stu[ ],int count,int flag)中 flag 为存入方式。当设置为 0 时表示覆盖方式，为 1 表示追加方式。以此为关键点展开数据存入文件的操作。

（3）在程序中调用 password( )函数验证进入通讯录管理系统的密码；调用 menu( )函数显示程序的主菜单。该界面的功能实现是一个多分支选择结构，通过用户的选择，让程序执行相应的功能，因此，采用 switch…case 结构最为合适。由于程序具有重复显示主菜单的功能，因此还要使用循环结构。

（4）主要函数的算法。

1）验证密码 password( )。运行程序时要求用户输入密码，如果密码不正确，则允许重新输入，但只允许输入 3 次。若 3 次输入的密码均错误，就立即结束程序，如果密码正确，则进入系统。

2）用户选择功能的实现。在 main( )函数中通过调用 menu( )函数在屏幕上显示主菜单界面，根据用户的选择，在 main( )函数中调用相应的函数，实现用户所需功能。

3）增加通讯记录。调用 myadd( )函数实现增加新记录。首先判断输入的学号是否重复，如不重复再将输入的学生信息添加到数组中，每输入一组数据，count 增 1。最后通过调用 save( )函数将数组中的记录以追加方式写入到数据文件 list.dat 中。

4）浏览通讯记录。调用 mybrowse( )实现浏览通讯记录，可以分别按学号和姓名进行浏览。按学号浏览通过调用 browse_num( )函数实现，按姓名浏览通过调用函数 browse_name( )实现。浏览前先调用 load( )函数将数据文件中的记录读取到结构体数组 stu 中，然后通过循环将数组中的记录信息一一输出到屏幕上，可以根据实际记录数确定循环次数。

5）查询通讯记录。通过调用 mysearch( )函数实现通讯记录的查询，可以分别按学号和姓名进行查询。按学号查询通过调用 search_num( )函数实现，按姓名查询通过调用函数 search_name( )实现。查询前先调用 load( )函数将数据文件中的记录读取到结构体数组 stu

中，然后将输入的信息通过循环与相应数组成员进行比较，如果没找到，则输出没找到的信息，否则，显示找到的记录信息。可以根据实际记录数确定循环次数。

6）排序通讯记录。通过调用 mysort( )函数实现。排序通讯记录时可以分别按学号和姓名排序，按学号排序通过调用 sort_num( )函数实现，按姓名排序通过调用函数 sort_name( )实现。每个函数中又可进一步选择排序方式是升序还是降序。两个函数均采用了选择排序法。

7）删除通讯记录。通过调用 mydelete( )函数实现。删除通讯记录时可以分别按学号和姓名进行删除，按学号删除通过调用 delete_num( )函数实现，按姓名删除通过调用函数 delete_name( )实现。删除时将输入的信息通过循环与相应数组成员进行比较，如果没有该记录，显示没找到的信息，如果找到该记录，接着显示"是否确实要删除(Y/N)?"如果输入了"Y"，则系统删除记录信息。每删除一条记录，stu_number 减 1。

8）修改通讯记录。通过调用 mymodify( )函数实现。在本函数中首先输入需修改的记录的学号，通过循环查找到该记录后，再输入新数据替代原来的数据。

3.1.5　部分参考代码

该程序由 3 个文件组成：tongxunlu.h、main.c 和 tongxunlu.c。其中 tongxunlu.h 为头文件，包含了编译预处理命令、结构体的定义和函数原型声明；main.c 实现了程序的主界面和对各模块功能函数的调用；各模块的具体实现代码在 tongxunlu.c 中。

1. 头文件 tongxunlu.h

程序与注释

```
//===========================================
// File Name:tongxunlu.h
// Created:09/10/14
// Description：此文件是程序的头文件
//===========================================
#include <stdio.h>              //引入输入输出函数库
#include <stdlib.h>             //调用 system("cls")函数时加此行
#include <conio.h>              //引入输入输出函数库
#include <string.h>             //引入字符和字符串函数库
#define MAXNUM 50               //定义最大通讯记录数
struct student                 //定义学生结构体
{
    char num[10];              //学号
    char name[10];             //姓名
    char sex;                  //性别，F 表示男，M 表示女
    char tel[2][15];           //电话,可存放 2 个电话号码
    char addr[40];             //家庭住址
};                             //定义一个学生结构体数组 stu[MAXNUM]
typedef struct student STUDENT;
void password();               //密码验证程序
void menu();                   //菜单选择程序
void myadd(STUDENT stu[],int *stu_number);          //添加通讯记录
```

```
void mybrowse(STUDENT stu[],int *stu_number);          //浏览通讯录
void browseMenu();                                      //浏览通讯录子菜单
void browse_num(STUDENT stu[],int *stu_number);         //按学号升序浏览记录
void browse_name(STUDENT stu[],int *stu_number);        //按姓名升序浏览记录
void mysearch(STUDENT stu[],int *stu_number);           //查询通讯录
void searchMenu();                                      //查询通讯录子菜单
void search_num(STUDENT stu[],int *stu_number);         //按学号查询记录
void search_name(STUDENT stu[],int *stu_number);        //按姓名查询记录
void mysort(STUDENT stu[],int *stu_number);             //排序通讯记录
void sortMenu();                                        //排序通讯记录子菜单
void sort_num(STUDENT stu[],int *stu_number);           //按学号排序
void sort_name(STUDENT stu[],int *stu_number);          //按姓名排序
void mydelete(STUDENT stu[],int *stu_number);           //删除通讯记录
void del_num(STUDENT stu[],int *stu_number);            //按学号删除通讯记录
void del_name(STUDENT stu[],int *stu_number);           //按姓名删除通讯记录
void mymodify(STUDENT stu[],int *stu_number);           //修改通讯记录
void save(STUDENT stu[],int count,int flag);            //数据存入文件,flag为0表示覆盖
```
方式,为1表示追加方式
```
void load(STUDENT stu[],int *stu_number);
```
以下各功能模块的函数实现,都需要用到此文件中的内容。

2. 源文件 main.c

该文件中包含 password( )、main( )和 menu( )三个函数的定义。

程序与注释

```
//=============================================
// File Name:main.c
// Created:09/10/14
// Description:此文件为程序的入口,主函数
//=============================================
#include "tongxunlu.h"          //引入预定义头文件
void main()                     //主函数
{
    int choose,flag=1;          //存放主菜单选项和是否继续的应答
    STUDENT stu[MAXNUM];        //定义一个学生结构体数组 stu[MAXNUM]
    int stu_number=0;           //通讯录的实际人数
    password();                 //调用 password()函数验证进入系统的密码
    while(flag)
    {   system("cls");          //调用清屏函数,若在 TC 下运行,改用 clrscr()
        menu();                 //调用 menu()函数显示主菜单界面
        printf("\t\t 请选择主菜单序号(0-6): ");
        scanf("%d",&choose);                            //接收用户输入的菜单项编号
        switch(choose)
        {
            case 1:    myadd(stu,&stu_number);          //添加通讯记录
                       break;
            case 2:    mybrowse(stu,&stu_number);       //浏览通讯录
                       break;
            case 3:    mysearch(stu,&stu_number);       //查询通讯录
```

```
                    break;
        case 4:     mysort(stu,&stu_number);        //排序通讯记录
                    break;
        case 5:     mydelete(stu,&stu_number);      //删除通讯记录
                    break;
        case 6:     mymodify(stu,&stu_number);      //修改通讯记录
                    break;
        case 0:     flag=0;                         //结束循环，退出系统
                    printf("\n\t\t 谢谢您的使用！退出系统！\n\n");
                    break;
        default:    printf("\n\t\t 请输入 0-6 之间的整数！按任意键继续！");
                    getch();                        //按任意键继续
        }
    }
return;
}
//==========================================
// function name:password
// description: 密码验证
// date:09/10/14
// parameter: 无
//==========================================
void password()
{
    char pwd[21]="",mm1[21]="123456";       //密码
    char c;
    int i,j;
    system("cls");                  //调用清屏函数，TC 下改用 clrscr()
    printf("\n\n\n\n");             //在屏幕上输出 4 个空行
    printf("\t\t*********************************\n");
    printf("\t\t*                               *\n");
    printf("\t\t*        欢迎使用通讯录管理系统      *\n");
    printf("\t\t*                               *\n");
    printf("\t\t*********************************\n");
    for(i=3;i>=1;i--)
    {   printf("\n\t\t 请输入密码(您还有%d 次机会): ",i);      //提示信息
        j=0;
        while(j<20&&(c=getch())!='\r')        //用 getch()函数不显示输入内容
        {   if(c!='\b')
            {   pwd[j++]=c;
                putchar('*');                       //通过显示"*"，了解用户输入的位数
            }
            else if(j>0)                            //若按了退格键，则清除光标前面的字行
            {   --j;
                putchar('\b');
                putchar(' ');
                putchar('\b');
            }
        }
        pwd[j]='\0';                            //为字符串加上结束标记
        if(strcmp(pwd,mm1)==0)                  //验证密码是否正确
```

```
        {   system("cls");                          //清屏
            break;                                   //结束循环
        }
        else if(i>1)                                 //输入密码不足 3 次
                printf("\n\t\t   密码错误!请重新输入! \n");
    }
    if(i==0)                                         //3 次输入密码均不正确
    {   printf("\n\n\t\t 对不起!您无权使用通讯录管理系统! \n\n");
        exit(0);                                     //结束程序
    }
    return;
}
//===========================================
// function name: menu
// description: 显示主菜单
// date:09/10/14
// parameter: 无
//===========================================
void menu()
{
    printf("\n\n");
    printf("          |*******************************|\n");
    printf("          |            通讯录管理系统       |\n");
    printf("          |*******************************|\n");
    printf("          |            1---增加通讯记录      |\n");
    printf("          |            2---浏览通讯记录      |\n");
    printf("          |            3---查询通讯记录      |\n");
    printf("          |            4---排序通讯记录      |\n");
    printf("          |            5---删除通讯记录      |\n");
    printf("          |            6---修改通讯记录      |\n");
    printf("          |            0---退出系统         |\n");
    printf("          |*******************************|\n");
}
```

3. 源文件 tongxunlu.c

该文件中包含 save( )、load( )、myadd( )、mybrowse( )、browseMenu( )、browse_num( )、browse_name( )、mysearch( )、searchMenu( )、search_num( )、search_name( )、mysort( )、sortMenu( )、sort_num( )、sort_name( )、mydelete( )、del_num( )、del_name( )和 mymodify( )共 19 个函数的定义。

程序与注释

```
//===========================================
// File Name:tongxunlu.c
// Created:09/10/14
// Description:各功能模块函数
//===========================================
#include "tongxunlu.h"     //引入预定义头文件
//===========================================
// function name:save
// description: 将通讯记录保存到文件中
```

```
// date:09/10/14
// parameter: STUDENT stu[],count,flag
// flag 为 1 是以追加方式保存 count 条记录，为 0 是覆盖方式
//================================================
void save(STUDENT stu[],int count,int flag)
{
   FILE *fp;                          //创建文件指针
   int i;
   if((fp=flag?fopen("list.dat","ab"):fopen("list.dat","wb"))==NULL)
                     //flag 为 1 时，以追加方式打开文件，为 0 时以覆盖方式打开文件
     { printf("不能打开文件\n");
       return;
     }
     for(i=0;i<count;i++)             //将数组中的信息写入 fp 指向的文件中
       if(fwrite(&stu[i],sizeof(struct student),1,fp)!=1)
          printf("文件写错误\n");      //若写入的数据个数不等于 1，则报告出错
     fclose(fp);                      //关闭文件
     return;
}
//========================================
// function name:load
// description: 读取文件中的通讯记录
// date:09/10/14
// parameter: stu[], *stu_number
//========================================
void load(STUDENT stu[],int *stu_number)
{
   FILE *fp;                              //创建文件指针
   int i;
   if((fp=fopen("list.dat","rb"))==NULL)     //以只读方式打开数据文件
     { printf("不能打开文件\n");
       return;
     }
   i=0;                                  //将文件中的数据读入并保存在 stu 数组中
   while(fread(&stu[i],sizeof(struct student),1,fp)==1 && i<MAXNUM)
     i++;                                //统计从文件中读取的记录个数
   *stu_number=i;
   if(feof(fp))                          //判断是否到了文件末尾
     fclose(fp);                         //关闭文件
   else
     { printf("文件读错误");
       fclose(fp);
     }
   return;
}
//========================================
// function name:myadd
// description: 添加通讯记录
// date:09/10/14
// parameter: stu[], *stu_number
//========================================
```

```
void myadd(STUDENT stu[],int *stu_number)
{
    char ch='y';                        //存放是否继续的应答
    int count=0;                        //存放新增加的记录数
    int j;
    while((ch=='y')||(ch=='Y'))
  {
    system("cls");                      //清屏
    printf("\n\t\t*********** 增加通讯记录 ***********\n");
    printf("\n\n\t\t 请输入通讯记录信息\n");
    printf("\n\t\t    学号: ");         scanf("%s",stu[count].num);
    for(j=0;j<*stu_number;)             //验证学号是否重复
        if(strcmp(stu[j].num,stu[count].num)==0)
            {   printf("\n\t\t 学号重复，请重新输入! ");
                printf("\n\t\t 学号: ");
                scanf("%s",stu[count].num); }
        else j++;
    printf("\n\t\t 姓名: ");           scanf("%s",stu[count].name);
    printf("\n\t\t 性别: ");           scanf("\n%c",&stu[count].sex);
    printf("\n\t\t 电话1: ");          scanf("%s",stu[count].tel[0]);
    printf("\n\t\t 电话2: ");          scanf("%s",stu[count].tel[1]);
    printf("\n\t\t 家庭住址: ");       scanf("%s",stu[count].addr);
    printf("\n\n\t\t 是否输入下一个学生信息? (y/n)");
    scanf("\n%c",&ch);
    count++;
  }
    *stu_number=(*stu_number)+count;    //更新通讯录的实际人数
    save(stu,count,1);                  //写入文件，第二个参数为1表示以追加方式写入
    return;
}
//=======================================
// function name:mybrowse
// description: 浏览通讯录
// date:09/10/14
// parameter: stu[], *stu_number
//=======================================
void mybrowse(STUDENT stu[],int *stu_number)
{
    int choose,flag=1;                  //变量分别存放子菜单选项和是否继续的应答
    load(stu, stu_number);              //将数据文件list.dat中的数据读入结构体数组中
    while (flag)
    { system("cls");
      browseMenu();                     //显示子菜单界面
      printf("\t   请选择浏览类型: ");
      scanf("%d",&choose);              //接收输入选项
      switch(choose)
      {
        case 1: browse_num(stu, stu_number);        //按学号升序浏览
                break;
        case 2: browse_name(stu, stu_number);       //按姓名升序浏览
```

```
                break;
        case 0:  flag=0;
                break;
        default:  printf("\n\t\t 请输入 0-2 之间的整数！按任意键继续！\n\n");
                  getch();                        //按任意键继续
    }
  }
  return;
}
//=========================================
// function name:browseMenu
// description: 浏览通讯录子菜单界面
// date:09/10/14
// parameter: 无参
//=========================================
void browseMenu()
{
  printf("\n");
  printf("\t |********************************|\n");
  printf("\t |          浏览通讯录子菜单        |\n");
  printf("\t |********************************|\n");
  printf("\t |         1---按学号升序浏览        |\n");
  printf("\t |         2---按姓名升序浏览        |\n");
  printf("\t |          0---返回主菜单          |\n");
  printf("\t |********************************|\n");
}
//=========================================
// function name:browse_num
// description: 按学号升序浏览通讯录
// date:09/10/14
// parameter: stu[],  *stu_number
//=========================================
void browse_num(STUDENT stu[],int *stu_number)
{
  int i,j;
  STUDENT temp_stu[MAXNUM],st;  //定义临时存放通讯录的数组和变量
  for(i=0;i<*stu_number;i++)     //将通讯录备份到临时数组 temp_stu 中
     temp_stu[i]=stu[i];
  for(i=1;i<*stu_number;i++)      //按学号升序排列记录
     for(j=1;j<=*stu_number-i;j++)
       if(strcmp(temp_stu[j-1].num,temp_stu[j].num)>0)
       {    st=temp_stu[j-1];
            temp_stu[j-1]=temp_stu[j];
            temp_stu[j]=st;
       }
  printf("\n\t 按学号升序浏览如下：");       //按学号升序输出记录
  printf("\n\t 学号\t 姓名\t 性别\t 电话 1\t\t 电话 2\t\t 家庭住址\n");
  for(i=0;i<*stu_number;i++)
     printf("\t%-10s%-10s%-3c%-15s\t%-15s\t%s\n",
            temp_stu[i].num,temp_stu[i].name,
            temp_stu[i].sex,temp_stu[i].tel[0],
```

```
            temp_stu[i].tel[1],temp_stu[i].addr);
     printf("\n\t\t 浏览完毕, 按任意键返回子菜单! ");
     getch();
}
//===========================================
// function name:browse_name
// description: 按姓名升序浏览通讯记录
// date:09/10/14
// parameter: stu[], *stu_number
//===========================================
void browse_name(STUDENT stu[],int *stu_number)
{
        //此函数代码请读者参照 browse_num( )函数自己编写
}
//===========================================
// function name:mysearch
// description: 查询通讯录
// date:09/10/14
// parameter: stu[], *stu_number
//===========================================
void mysearch(STUDENT stu[],int *stu_number)
{
     int choose;                    //存放子菜单选项
     load(stu, stu_number);         //将数据文件 list.dat 中的数据读入结构体数组中
     while (1)
     {   system("cls");                           //清屏
         searchMenu();                            //显示子菜单界面
         printf("\t   请选择查询类型:");
         scanf("%d",&choose);
         if(choose==1)                            //选择子菜单项 1
              search_num(stu, stu_number);        //按学号查询
         else if(choose==2)                       //选择子菜单项 2
              search_name(stu, stu_number);       //按姓名查询
              else if(choose==0)             //选择子菜单项 0
                   break ;                        //结束循环,返回主菜单
                  else                            //非法选择
                  { printf("\n\t\t 请输入 0-2 之间的整数! 按任意键继续! \n\n");
                    getch();                      //按任意键继续
                  }
     }
     return;
}
//===========================================
// function name:searchMenu
// description: 查询通讯录子菜单界面
// date:09/10/14
// parameter: 无参
//===========================================
void searchMenu()
```

```
{
```

//此函数代码请读者参照 browseMenu( )函数自己编写，此界面包括三个选项
// 1---按学号查询   2---按姓名查询   0---返回主菜单

```
}
//==========================================
// function name:search_num
// description: 按学号查询通讯录
// date:09/10/14
// parameter: stu[], *stu_number
//==========================================
void search_num(STUDENT stu[],int *stu_number)
{
    char xh[10];                              //存放输入的学号
    int i;
    printf("\n\t 请输入要查询学生的学号：");   //提示输入学号
    scanf("%s",xh);                           //接受输入的学号
    for(i=0;i<*stu_number;i++)                //对数组中每条记录进行循环
        if(strcmp(stu[i].num,xh)==0)          //数组中是否存在与输入的学号相同的记录
        {   printf("\n\t 要查询的学号为%s 的通讯记录如下：\n",stu[i].num);
            printf("\n\t 学号\t 姓名\t 性别\t 电话 1\t\t 电话 2\t\t 家庭住址\n");
            printf("\t%-10s%-10s%-3c%-15s\t%-15s\t%s\n",
                    stu[i].num,stu[i].name,stu[i].sex,stu[i].tel[0],
                    stu[i].tel[1],stu[i].addr);
            printf("\n\t 显示完毕，按任意键返回子菜单！\n");
            getch();
            break;
        }
        if(i==*stu_number)         //是否找遍数组中的所有记录
        {                          //没有找到指定学号的记录
        printf("\n\t 要查询的通讯记录不存在！按任意键返回子菜单！");
        getch();
        }
    return;
}
//==========================================
// function name:search_name
// description: 按姓名查询通讯录
// date:09/10/14
// parameter: stu[],*stu_number
//==========================================
void search_name(STUDENT stu[],int *stu_number)
{
```

//此函数代码请读者参照 search_num( )函数自己编写

```
}
//==========================================
// function name:mysort
// description: 排序通讯记录
// date:09/10/14
// parameter: stu[],*stu_number
//==========================================
```

```
void mysort(STUDENT stu[],int *stu_number)
{
    int choose;                    //存放子菜单选项
    load(stu,stu_number);          //将数据文件 list.dat 中的数据读入结构体数组中
    while(1)
    {   system("cls");             //清屏
        sortMenu();                //显示子菜单界面
        printf("\t   请选择排序类型：");
        scanf("%d",&choose);
        if(choose==1)
            sort_num(stu,stu_number);      //按学号排序
        else if(choose==2)
            sort_name(stu,stu_number);     //按姓名排序
            else if(choose==0)
                break ;            //结束循环，返回主菜单
            else
            {   printf("\n\t\t 请输入 0-2 之间的整数！按任意键继续！\n\n");
                getch();           //按任意键继续
            }
    }
    save(stu, *stu_number,0);  //将排序结果重新写入文件中，参数 0 表示是覆盖方式
    return;
}
```

```
//===========================================
// function name:sortMenu
// description: 排序通讯记录子菜单界面
// date:09/10/14
// parameter: 无参
//===========================================
void sortMenu()
{
        //此函数代码请读者参照 browseMenu（ ）函数自己编写，此界面包括三个选项
        //  1---按学号排序      2---按姓名排序         0---返回主菜单
}
```

```
//===========================================
// function name:sort_num
// description: 按学号排序
// date:09/10/14
// parameter: stu[],*stu_number
//===========================================
void sort_num(STUDENT stu[],int *stu_number)
{
    int i,j;
    char ch;
    STUDENT  st;                   //定义临时存放通讯记录的变量
    printf("\n\t 按学号升序(s)，还是降序(j)? ");
    ch=getche();                   //在屏幕上显示输入字符的同时存入变量 ch 中
    if(ch=='s'||ch=='S')           //按学号升序排列记录
        {   for(i=1;i<*stu_number;i++)
            for(j=1;j<=*stu_number-i;j++)
```

```
          if(strcmp(stu[j-1].num,stu[j].num)>0)
          {   st=stu[j-1];
              stu[j-1]=stu[j];
              stu[j]=st;
          }
      }
  else if(ch=='j'||ch=='J')                           //按学号降序排列记录
      { for(i=1;i<*stu_number;i++)
          for(j=1;j<=*stu_number-i;j++)
              if(strcmp(stu[j-1].num,stu[j].num)<0)
              { st=stu[j-1];
                  stu[j-1]=stu[j];
                  stu[j]=st;
              }
      }
      else
      { printf("\n\t 非法字符输入！\n");
        return;
      }
  printf("\n\t 按学号排序结果浏览如下：");      //显示排序结果
  printf("\n\t 学号\t 姓名\t 性别\t 电话1\t\t 电话2\t\t 家庭住址\n");
  for(i=0;i<*stu_number;i++)                   //对数组中每条记录进行循环
    printf("\t%-10s%-10s%-3c%-15s\t%-15s\t%s\n",
        stu[i].num,stu[i].name,stu[i].sex,
        stu[i].tel[0],stu[i].tel[1],stu[i].addr);
  printf("\n\t\t 浏览完毕，按任意键返回子菜单！");
  getch();
}
//==========================================
// function name:sort_name
// description: 按姓名排序
// date:09/10/14
// parameter: stu[], *stu_number
//==========================================
void sort_name(STUDENT stu[],int *stu_number)
{
            //此函数代码请读者参照 sort_num( )函数自己编写
}
//==========================================
// function name:mydelete
// description: 删除通讯记录
// date:09/10/14
// parameter: stu[],*stu_number
//==========================================
void mydelete(STUDENT stu[],int *stu_number)
{
  char ch;
  load(stu, stu_number);        //将数据文件 list.dat 中的数据读入结构体数组中
  printf("\n\t 按学号删除(h)，还是按姓名删除(m)？ ");
  ch=getche();
  if(ch=='h'||ch=='H')    del_num(stu, stu_number);   //按学号删除记录
```

```
        else if(ch=='m'||ch=='M')
             del_name(stu,stu_number);     //按姓名删除记录
         else
             printf("\n\t 非法字符输入！\n");
     save(stu, *stu_number,0);  //将结果重新写入文件中，参数 0 表示是覆盖方式
     return;
}
//==========================================
// function name:del_num
// description: 按学号删除通讯记录
// date:09/10/14
// parameter: stu[],*stu_number
//==========================================
void del_num(STUDENT stu[],int *stu_number)
{
   int i,j;
   char xh[10];              //学号
   char ch='y';
   while((ch=='y')||(ch=='Y'))
   { system("cls");
      printf("\n\t\t*********删除通讯记录***********\n\n");
      printf("\t\t 请输入要删除记录的学号：\n\n");
      printf("\t\t 学号: ");
      scanf("%s",xh);
      for(i=0;i<*stu_number;i++)    //stu_number 为原记录数
         if(strcmp(stu[i].num,xh)==0) //查找到指定学号的记录
         {  printf("\n\t 要删除记录的信息如下：\n");  //显示要删除的记录
             printf("\n\t 学号\t 姓名\t 性别\t 电话1\t\t 电话2\t\t 家庭住址\n");
             printf("\t%-10s%-10s%-3c%-15s\t%-15s\t%s\n",
                 stu[i].num,stu[i].name,stu[i].sex,
                 stu[i].tel[0],stu[i].tel[1],stu[i].addr);
             break;
         }
      if(i==*stu_number)              //未找到指定学号的记录
          printf("\n\t\t 要删除的记录不存在！\n");
      else
      {     printf("\n\t 确定删除吗 (y/n)?: ");        //提示信息
          scanf("\n%c",&ch);               //接收输入
          if(ch=='y'||ch=='Y')
         {   for(j=i+1;j<*stu_number;j++)   //数组向前移动1位，相等于删除记录
             stu[j-1]=stu[j];
             printf("\n\t 该记录已被删除！");
             (*stu_number)--;             //删除记录后，记录总数减1
         }
      }
   printf("\n\n\t\t 是否继续删除其他记录(y/n)？");
   scanf("\n%c",&ch);
   }
   return;
}
```

```
//==========================================
// function name:del_name
// description: 按姓名删除通讯记录
// date:09/10/14
// parameter: stu[],*stu_number
//==========================================
void del_name(STUDENT stu[],int *stu_number)
{
    //此函数代码请读者参照 del_num( )函数自己编写
}
//==========================================
// function name:mymodify
// description: 修改通讯记录
// date:09/10/14
// parameter: stu[],*stu_number
//==========================================
void mymodify(STUDENT stu[],int *stu_number)
{
    int i,j;
    char xh[10],ch,c;
    load(stu,stu_number);  //将数据文件 list.dat 中的数据读入结构体数组中
    ch='y';
    while (ch=='y'||ch=='Y')
    { system("cls");
      printf("\n\t 请输入要修改记录的学号：");
      scanf("%s",xh);                      //接收要修改的通讯记录的学号
      for(i=0;i<*stu_number;i++)           //查找指定学号的通讯记录
         if(strcmp(stu[i].num,xh)==0)
         { printf("\n\t 要修改记录的信息如下：\n");//显示找到的通讯记录
           printf("\n\t 学号\t 姓名\t 性别\t 电话1\t\t 电话2\t\t 家庭住址\n");
           printf("\t%-10s%-10s%-3c%-15s\t%-15s\t%s\n",
               stu[i].num,stu[i].name,stu[i].sex,
               stu[i].tel[0],stu[i].tel[1],stu[i].addr);
           break;                  //找到指定学号的通讯记录,则结束 for 循环
         }
      if(i==*stu_number)                   //未找到指定学号的通讯记录
         printf("\n\t 要修改的记录不存在！\n");
      else                                 //找到指定学号的通讯记录
      { printf("\n\t 确定修改吗(y/n)？:");  //确认修改
        scanf("\n%c",&c);
        while (c=='y' || c=='Y')
        { printf("\n\n\t\t ****请重新输入该记录的基本信息****\n");
          printf("\n\t\t    学号：");        scanf("%s",stu[i].num);
          for(j=0;j<*stu_number;j++)
              if(strcmp(stu[j].num,stu[i].num)==0 && i!=j) //若学号重复
              { printf("\n\t\t 学号重复，请重新输入！");
                printf("\n\t\t 学号：");    scanf("%s",stu[i].num);
                j=0;
              }
              else j++;
          printf("\n\t\t 姓名：");          scanf("%s",stu[i].name);
```

```
            printf("\n\t\t 性别：");          scanf("\n%c",&stu[i].sex);
            printf("\n\t\t 电话 1：");          scanf("%s",stu[i].tel[0]);
            printf("\n\t\t 电话 2：");          scanf("%s",stu[i].tel[1]);
            printf("\n\t\t 家庭住址：");   scanf("%s",stu[i].addr);
            printf("\n\t\t 修改成功！\n");
            break;                      //提前结束内层 while 循环
            }
        }
        printf("\n\t\t 是否继续修改其他记录的信息(y/n)？");
        scanf("\n%c",&ch);
    }
    save(stu, *stu_number,0);              //第二个参数为 0 表示以覆盖方式写入文件
    return;
}
```

3.1.6 系统实现截图

1. 主菜单界面

程序启动后，首先出现"欢迎使用通讯录管理系统"的欢迎信息，并提示用户输入密码，如图 3-2 所示。通过密码验证后，进入如图 3-3 所示的系统主界面，允许用户输入 0~6 之间的整数，来执行相关功能或进入子菜单。

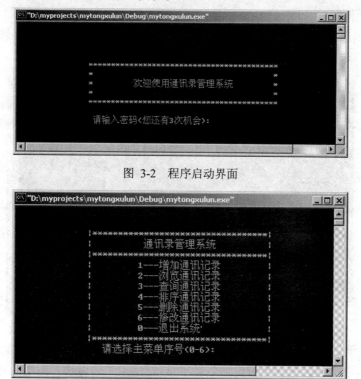

图 3-2　程序启动界面

图 3-3　程序主菜单

2. 增加通讯记录

在主菜单中选择 1，进入"增加通讯记录"界面。用户可以根据提示信息输入学生的

基本信息。当录入完 1 个学生的信息后，系统会询问是否继续，若输入了字符"y"或"Y"，就继续录入下一个通讯记录，否则返回主菜单。增加通讯记录的界面如图 3-4 所示。

图 3-4　增加通讯记录界面

3．浏览通讯录

在主菜单中选择 2，进入"浏览通讯录子菜单"界面，系统会将已经输入的通讯记录按照预定格式显示出来，如图 3-5 所示。

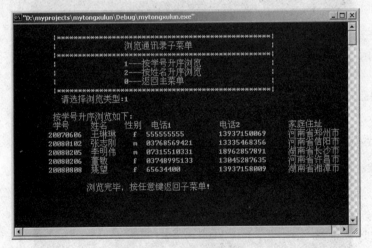

图 3-5　浏览通讯录界面

4．查询通讯记录

在主菜单中选择 3，进入"查询通讯录子菜单"，用户可以选择不同的查询类型。如图 3-6 所示。

5．排序通讯记录

在主菜单中选择 4，进入"排序通讯记录子菜单"。用户可以选择不同的排序类型。如图 3-7 所示。

图 3-6 查询通讯记录界面

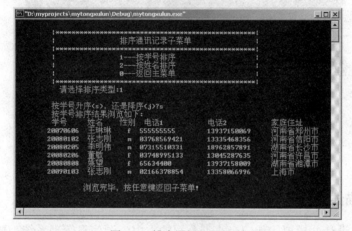

图 3-7 排序通讯记录界面

6. 删除通讯记录

在主菜单中选择 5，进入"删除通讯记录"界面。用户可以选择按学号或姓名删除，如图 3-8 所示。

图 3-8 删除通讯记录界面

7. 修改通讯记录

在主菜单中选择 6，进入"修改通讯记录"界面。用户可以选择按学号或姓名修改，如图 3-9 所示。

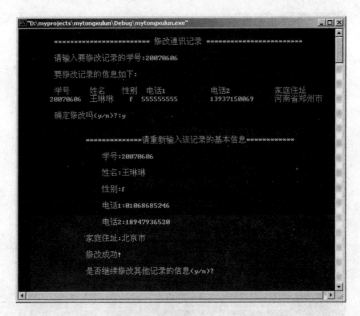

图 3-9 修改通讯记录界面

3.2 人力资源信息管理系统

3.2.1 功能描述

该题目要求设计并模拟实现一个小型公司的人力资源信息管理系统。要求能够实现对员工信息的添加、查询、修改、删除、排序等功能。每个功能需要细分为多个小模块，以便实现更加详尽的功能。系统细分为如图 3-10 所示的功能模块。

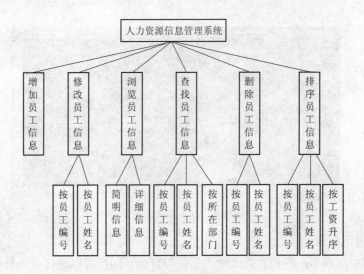

图 3-10 程序模块图

3.2.2 基本要求

(1) 员工信息包括员工编号、姓名、性别、出生日期、学历、所属部门、工资、住址、电话等（员工编号不重复）。要求利用结构体存储每个员工的信息，并使用结构体数组来存储全部员工的信息。

(2) 用数组临时保存输入的员工信息，并且可以对现有列表中的员工信息进行增加、修改、查询、删除等基本操作。

(3) 使用二进制文件完成员工信息的存储与读取，要求每次运行某个操作时可以将文件数据读入结构体中，并给用户提供保存选项，可以将结构体中的数据保存在二进制文件中。

(4) 系统以菜单方式工作。

3.2.3 算法分析

1. 数据结构

(1) 设计一个存储一条员工信息的结构体，可参考使用下述的结构体数据类型定义。

```
struct employee                 //定义员工结构体
{
    char employeeID[5];         //员工编号
    char employeeName[10];      //姓名
    char employeeSex[3];        //性别
    char employeeDate[11];      //出生年月
    char employeeDegree[11];    //学历
    char employeeDepart[8];     //所属部门
    char employeePay[8];        //工资
    char employeeAddr[20];      //住址
    char employeeTel[20];       //电话
};
typedef struct employee EmpInfo;
```

(2) 在头文件中采用宏定义设置数组的初始大小；定义所包含的数据和全局变量；对定义的函数进行函数原型的声明等。

2. 函数定义及说明

程序代码由 5 个源文件和一个头文件构成，具体文件内容和函数功能说明见表 3-2。

表 3-2 文件及函数原型声明

源文件/头文件	函 数 原 型	功 能 说 明
	main( )	总控整个程序
	void menu( )	处理用户输入的操作命令
main.c	int menu_select( )	显示主菜单，接收用户选择的命令代码
	void newRecords( )	重新在内存中建立员工信息记录
	void quit	退出程序

续表

源文件/头文件	函 数 原 型	功 能 说 明
dis_add.c	void display( )	显示内存数组中记录的员工信息
	void printInfo(int num)	打印指定员工的信息
	void addRecord( )	增加记录
	void addInfo(int num)	输入指定员工信息
find_del_modify.c	void findInfo( )	在内存数组中查找指定员工的信息
	int findRecord(char *target,int targetType,int from)	查找指定的记录
	void deleteRecord( )	删除内存中所选定的操作记录
	void modifyRecord( )	修改内存中指定员工的信息
save_load.c	int saveRecords( )	将记录写入指定文件
	int loadRecords( )	将指定文件中的记录读入内存
sort_copy.c	void sortInfo( )	对内存中的员工信息按要求进行排序
	void copyRecord(EmpInfo* src,EmpInfo* temp)	将 src 指向的记录复制给 temp 指向的记录
tongxunlu.h	静态变量及常量定义	
	结构体定义	
	库函数及自定义函数声明	

3.2.4 实现过程

（1）为一些函数设计一个整型返回值来区分函数操作是否正确。每名员工的信息用一个名为 EmpInfo 的结构体来保存,用一个 EmpInfo 类型的结构体数组 records 来保存一组员工的信息。用宏定义符号 INITIAL_SIZE 来规定这个数组的大小。用全局变量 numEmp 来记录实际的员工人数,用 arraySize 作为数组分配的空间大小。

（2）saveFlag 为是否保存员工信息的标志,当员工信息已经保存到文件时设置为 0 表示"已保存";当没有存入文件时,设置为 1 表示"未保存",以此为关键点展开对文件的保存、载入、叠加等相关操作。

（3）程序启动后,首先出现"欢迎使用人力资源信息管理系统"的欢迎信息,延时 2 秒后,进入系统主界面。延时 2 秒的实现过程如下:

```
start=time(NULL);
end=time(NULL);
while(end-start<2)
    end=time(NULL);
```

分别用系统提供的库函数 time( )记录延时开始的时间和结束的时间,其中 start 和 end 是系统已声明的名为 time_t 的结构体类型,在程序中必须先用"time_t start,end;"定义。

（4）在 main( )中调用 menu( )函数处理用户选择的操作命令,在其中嵌套调用 menu_select( )函数显示程序的主菜单界面并接收用户的选择。主菜单界面的功能实现实际上是一个多分支选择结构,通过用户的选择,让程序执行相应的功能,因此,采用 switch…case 结构最为合适。由于程序具有重复显示主菜单的功能,因此还要使用循环结构。

（5）主要函数的算法。

1）addRecord( )函数。用来在当前数组尾部增加新的信息，只要将新的信息保存到 record[numEmp]中即可，然后 numEmp 自加 1，完成操作。如果在增加新的信息前，numEmp 已经大于或等于 arraySize，这时就要使用 realloc( )函数重新分配一块大小为（arraySize+INCR_SIZE）EmpInfo 的数组的存储空间，并重新设置 arraySize。

2）loadRecord( )函数。将指定文件中的记录读入内存时，在内存有记录且未保存的情况下，对读入的第二个文件进行询问。如果覆盖原来记录，就先保存原来的记录，然后令 numEmp=0，否则原来的 numEmp 不变。在读取文件时，使用 fread( )函数，每次读取 sizeof(EmpInfo)个字节，存在数组 record[numEmp]中，并令 numEmp 加 1，如此下去，直到读完文件。如果在每读入一条信息之前，numEmp 已经大于或等于 arraySize，这时就要使用 realloc( )函数重新为 records 分配大小为（arraySize+INCR_SIZE）EmpInfo 的数组的存储空间，并重新设置 arraySize。

3）deleteRecord( )、findInfo( )和 modifyRecord( )函数。这 3 个函数有一个共同之处，都是调用 findRecord( )函数从指定序号开始，顺序查找指定条件的记录，若找到就返回指定记录的序号并且显示指定员工的信息，未找到就返回-1。deleteRecord( )删除记录函数，让用户选择是否确定删除记录，若确定就执行删除操作，并且使 numEmp 自减 1，然后将数组中排在删除记录之后的记录往前移一个元素。modifyRecord( )修改记录函数，让用户选择是否确定修改记录，若确定就执行修改操作，重新输入指定员工的信息。

4）sortInfo( )函数。此排序操作函数主要应用冒泡排序法进行排序。

3.2.5 部分参考代码

该程序由 6 个文件组成：employee.h、main.c、dis_add.c、find_del_modify.c、save_load.c 和 sort_copy.c。其中 employee.h 为头文件，包含了编译预处理命令，结构体的定义和函数原型声明；main.c 实现了程序的主界面和对各模块功能函数的调用；各模块的具体实现代码在其余的 5 个源文件中。

1. 头文件 employee.h

```
//=========================================
// File Name:employee.h
// Created:09/10/20
// Description:此文件是程序的头文件
//=========================================
#include <stdio.h>                    //引入库函数所需要的头文件
#include <stdlib.h>
#include <conio.h>
#include <string.h>
#include <time.h>
#define INITIAL_SIZE 100             //数组初始大小
#define INCR_SIZE 50                 //数组每次增加的大小
struct employee                      //定义员工结构体
{
    char employeeID[5];              //员工编号
    char employeeName[10];           //姓名
```

```
            char employeeSex[3];              //性别
            char employeeDate[11];            //出生年月
            char employeeDegree[11];          //学历
            char employeeDepart[8];           //所属部门
            char employeePay[8];              //工资
            char employeeAddr[20];            //住址
            char employeeTel[20];             //电话
        };
        typedef struct employee EmpInfo;   //为结构体类型 struct employee 定义别名
                                                EmpInfo
        extern int numEmp;                    //记录的实际员工人数
        extern EmpInfo *records;              //定义记录员工信息的数组
        extern int saveFlag;                //信息是否已保存, 0 为已保存, 1 为未保存
        extern int arraySize;                 //定义数组大小
        void menu();
        int menu_select();                    //显示主菜单程序
        void addRecord();                     //增加记录
        void modifyRecord();                  //修改员工信息
        void display();                       //显示员工信息
        void findInfo();                      //查找员工信息
        void deleteRecord();                  //删除记录
        void sortInfo();                      //排序员工信息
        int saveRecords();                    //保存记录
        int loadRecords();                    //将记录读入内存
        void newRecords();                    //新建员工信息
        void quit();                          //退出程序
        int findRecord(char *target,int targetType,int from);  //查找记录
        void addInfo(int num);                //输入员工信息
        void printInfo(int num);              //打印员工信息
        void copyRecord(EmpInfo* src,EmpInfo* temp);           //复制记录
```

2. 源文件 main.c

该文件中包含 main( )、menu( )、menu_select( )、newRecords( )和 quit( )5 个函数的定义。

程序与注释

```
//==========================================
// File Name:main.c
// Created:09/10/20
// Description:此文件为程序的入口, 主函数
//==========================================
#include "employee.h"               //引入预定义头文件
int numEmp=0;                        //记录的实际员工人数
EmpInfo *records=NULL;               //定义记录员工信息的数组
int saveFlag=0;                      //信息是否已保存, 0 为已保存, 1 为未保存
int arraySize;
void main()
{
    time_t start,end;
    system("cls");                   //调用清屏函数, TC 下改用 clrscr()
```

74

```
    printf("\n\n\n\n");                    //在屏幕上输出 4 个空行
    printf("\t\t***********************************\n");
    printf("\t\t*                                 *\n");
    printf("\t\t*        欢迎使用人力资源信息管理系统      *\n");
    printf("\t\t*                                 *\n");
    printf("\t\t***********************************\n");
    start=time(NULL);                      //延时 2 秒继续执行
    end=time(NULL);
    while(end-start<2)
          end=time(NULL);
    system("cls");
    records=(EmpInfo*)malloc(sizeof(EmpInfo)*INITIAL_SIZE);//初始化数组
    if(records==NULL)
    {    printf("内存申请失败！");
        exit(-1);
    }
    arraySize=INITIAL_SIZE;
    menu();
}
//==========================================
// function name: menu
// description: 菜单处理函数
// date:09/10/20
// parameter: 无
//==========================================
void menu()
{
    for(;;)
    { switch(menu_select())
      {
          case 1: addRecord();            //添加员工信息
                  break;                   //跳出 switch，重新进行菜单选择
          case 2: modifyRecord();         //修改员工信息
                  break;                   //跳出 switch，重新进行菜单选择
          case 3: display();              //浏览员工信息
                  break;                   //跳出 switch，重新进行菜单选择
          case 4: findInfo();             //查询员工信息
                  break;                   //跳出 switch，重新进行菜单选择
          case 5: deleteRecord();         //删除员工信息
                  break;                   //跳出 switch，重新进行菜单选择
          case 6: sortInfo();             //排序员工信息
                  break;                   //跳出 switch，重新进行菜单选择
          case 7: saveRecords();          //保存员工信息至文件
                  break;                   //跳出 switch，重新进行菜单选择
          case 8: loadRecords();          //从文件读取员工信息
                  break;                   //跳出 switch，重新进行菜单选择
          case 9: newRecords();           //新建员工信息文件
                  break;                   //跳出 switch，重新进行菜单选择
          case 0: quit();                 //退出管理系统
```

```
                            break;
            default: printf("\n\t\t 请输入 0-6 之间的整数！按任意键继续！");
                getch();                    //按任意键继续
        }
    }
}
//==========================================
// function name: menu_select
// description: 菜单选择函数
// date:09/10/20
// parameter: 无
//==========================================
int menu_select()
{
    char s[2];
    int choice=0;
    system("cls");          //清屏
    printf("\n\n");
    printf("|****************************|\n");
    printf("|        人力资源管理系统          |\n");
    printf("|****************************|\n");
    printf("|        1---增加员工信息          |\n");
    printf("|        2---修改员工信息          |\n");
    printf("|        3---浏览员工信息          |\n");
    printf("|        4---查询员工信息          |\n");
    printf("|        5---删除员工信息          |\n");
    printf("|        6---排序员工信息          |\n");
    printf("|        7---保存员工信息至文件     |\n");
    printf("|        8---从文件读取员工信息     |\n");
    printf("|        9---新建员工信息文件       |\n");
    printf("|        0---退出系统             |\n");
    printf("|****************************|\n");
    printf("\t\t 请选择主菜单序号(0-9)：");
    for(;;)
    {   scanf("%s",&s);
        choice=atoi(s);         //处理输入的非数字键，过滤出数字
        if(choice==0&&(strcmp(s,"0")!=0))
            choice=11;
        if(choice<0||choice>9)
            printf("\n\t 输入错误，重选 0-9：");
        else
            break;
    }
    return choice;
}
//===============================================
// function name: newRecords
// description: 新建员工信息记录
// 若原来信息没有保存，则保存原来的信息，然后重新输入信息记录
// date:09/10/20
```

76

```
// parameter: 无
//===================================================
void newRecords()
{
    char str[3];
    if(numEmp!=0)
    {   if(saveFlag==1)
        {   printf("\n\t\t 现在已有记录，选择处理已有记录的方法。\n");
            printf("\n\t\t 是否保存已有的记录？(y/n)");
            scanf("%s",str);
            if(str[0]!='n'&&str[0]!='N')     //保存原来的记录
                saveRecords();
        }
    }
    numEmp=0;
    addRecord();          //添加新的员工记录
}
//=========================================
// function name:quit
// description: 结束运行，退出程序
// date:09/10/20
// parameter: 无
//=========================================
void quit()
{
    char str[3];
    if(saveFlag==1)
    {   printf("\n\t\t 是否保存现有的记录？(y/n)");
        scanf("%s",str);
        if(str[0]!='n'&&str[0]!='N')       //保存现有的记录
            saveRecords();
    }
    free(records);
    printf("\n\t\t 谢谢您的使用！退出系统！\n\n");
    exit(0);                          //退出程序
}
```

3. 源文件 dis_add.c

该文件中包含 display( )、addRecord( )、addInfo( )和 printInfo( )4 个函数的定义。

程序与注释

```
//=========================================
// File Name:dis_add.c
// Created:09/10/20
// Description:显示、添加功能模块函数
//=========================================
#include "employee.h"           //引入预定义头文件
//=========================================
// function name:display
// description: 显示所有的员工信息
// date:09/10/20
// parameter: 无
```

```
//============================================
void display()
{
    int i;
    int flag=1;
    char str[3];
    if(numEmp==0)
    {   printf("\n\t\t 没有可供显示的记录！按任意键返回主菜单！");
        getch();
        return;
    }
    while (flag)          //显示浏览员工信息子菜单
    {   system("cls");
        printf("\n");
        printf("\t |*******************************|\n");
        printf("\t |          浏览员工信息子菜单          |\n");
        printf("\t |*******************************|\n");
        printf("\t |          1--显示简明员工信息          |\n");
        printf("\t |          2--显示详细员工信息          |\n");
        printf("\t |          0--返回主菜单          |\n");
        printf("\t |*******************************|\n");
        printf("\n\t\t 请选择浏览类型：");
        scanf("%s",str);
        switch(str[0])
        { case '1':
                printf("\n\t\t 编号\t 姓名\t 性别\t 部门\n");
                printf("\t\t---------------------------\n");
                for(i=0;i<numEmp;i++)
                  { printf("\t\t%s\t%s\t%s\t%s\n",
                        records[i].employeeID,
                        records[i].employeeName,
                        records[i].employeeSex,
                        records[i].employeeDepart);
                    if(i==20 && i!=0)        //打印满20条记录后停下来
                    {   printf("\t\t 请按任意键继续显示…");
                        getch();
                        printf("\n\n");
                    }
                  }
                printf("\n\t\t 浏览完毕，按任意键返回子菜单！");
                getch();
                break;
            case '2':
                printf("\n 编号\t 姓名\t 性别\t 出生年月\t 学历\t 部门
                        \t 工资\t 住址\t 电话\n");
                printf("---------------------------\n");
                for(i=0;i<numEmp;i++)
                {   printInfo(i);              //打印员工信息
                    if(i==20 && i!=0)          //打印满20条记录后停下来
                    {   printf("\n\t\t 请按任意键继续显示…");
                        getch();
                        printf("\n\n");
                    }
```

```
                }
                printf("\n\t\t 浏览完毕，按任意键返回子菜单！");
                getch();
                break;
            case '0':                    //选择子菜单项 0,返回主菜单
                flag=0;
                break;
            default:
                printf("\n\t\t 请输入 0-2 之间的整数！按任意键继续！");
                getch();              //按任意键继续
        }
    }
}
//================================================
// function name: addRecord
// description: 在当前表的末尾添加员工信息，records 中将
// 记录新的信息，如果数组大小不够，会重新申请数组空间
// date:09/10/20
// parameter: 无
//================================================
void addRecord()
{
    char str[2];
    if(numEmp==0)
        printf("\n\t\t 原来没有记录，现在建立记录！\n");
    else
        printf("\n\t\t 下面在当前表的末尾增加新的信息！\n");
    while(1)
    {   printf("\n\t\t 是否添加一组员工信息？(y/n)");
        scanf("%s",str);
        if(str[0]=='n'||str[0]=='N')     //不添加新信息
            break;
        if(numEmp>=arraySize)         //数组空间不足，重新申请空间
        {
            records=realloc(records,(arraySize+INCR_SIZE)*sizeof(EmpInfo));
            if(records==NULL)
            {   printf("内存申请失败！");
                exit(-1);
            }
            arraySize=arraySize+INCR_SIZE;
        }
        printf("\n\t********* 增加员工信息**********\n");
        addInfo(numEmp);
        numEmp++;
    }
    printf("\t\t 现在一共有%d 条信息！按任意键继续！",numEmp);
    getch();
    saveFlag=1;
}
//=====================================
// function name: addInfo
```

```c
// description: 输入指定员工信息
// date:09/10/20
// parameter: num
//========================================
void addInfo(int num)
{
    char str1[10];
    char str2[10];
    printf("\n\n\t\t 请输入员工信息\n");
    printf("\n\t\t   员工编号: ");          //提示输入员工编号
    scanf("%s",records[num].employeeID);
    printf("\n\t\t    姓名: ");            //提示输入姓名
    scanf("%s",records[num].employeeName);
    printf("\n\t\t    性别(0 为女,1 为男): ");   //提示输入性别
    scanf("%s",str1);
    if(str1[0]=='0')
        strcpy(records[num].employeeSex,"女");
    else
        strcpy(records[num].employeeSex,"男");
    printf("\n\t\t    出生年月(年-月-日): ");   //提示输入出生年月
    scanf("%s",records[num].employeeDate);
    printf("\n\t\t 学历(0.专科 1.大学本科 2.硕士研究生 3.博士研究生): ");
    scanf("%s",str2);                    //输入学历
    if(str2[0]=='0')
        strcpy(records[num].employeeDegree,"专科");
    else if(str2[0]=='1')
            strcpy(records[num].employeeDegree,"大学本科");
        else if(str2[0]=='2')
                strcpy(records[num].employeeDegree,"硕士研究生");
            else if(str2[0]=='3')
                    strcpy(records[num].employeeDegree,"博士研究生");
    printf("\n\t\t    所属部门: ");          //提示输入所属部门
    scanf("%s",records[num].employeeDepart);
    printf("\n\t\t    工资: ");            //提示输入工资
    scanf("%s",records[num].employeePay);
    printf("\n\t\t    住址: ");            //提示输入住址
    scanf("%s",records[num].employeeAddr);
    printf("\n\t\t    电话: ");            //提示输入电话
    scanf("%s",records[num].employeeTel);
}
//========================================
// function name:printInfo
// description: 打印指定员工信息
// date:09/10/20
// parameter: num
//========================================
void printInfo(int num)
{   printf("%-5s%-10s%-3s%-11s%-11s%-8s%-10s%-8s%-20s \n",
        records[num].employeeID,records[num].employeeName,
        records[num].employeeSex,records[num].employeeDate,
        records[num].employeeDegree,records[num].employeeDepart,
```

```
    records[num].employeePay,records[num].employeeAddr,
    records[num].employeeTel);
}
```

4. 源文件 find_del_modify.c

该文件中包含 findRecord( )、findInfo( )、deleteRecord( )和 modifyRecord 4 个函数的定义。

```c
//===========================================================
// File Name:find_del_modify.c
// Created:09/10/20
// Description:查找、删除和修改功能模块函数
//===========================================================
#include "employee.h"              //引入预定义头文件
//===========================================================
// function name:findRecord
// description: 查找指定的记录
// date:09/10/20
// parameter: target 欲查找记录的某一项;targetType 表明通过哪一项
//   查找;0 为编号, 1 为姓名, 2 为部门;from 从第 from 个记录开始查找
// return: 找到的记录的序号, 若找不到则返回-1
//===========================================================
int  findRecord(char *target,int targetType,int from)
{
int i;
for(i=from;i<numEmp;i++)
{  if((targetType==0&&strcmp(target,records[i].employeeID)==0)
     ||(targetType==1&&strcmp(target,records[i].employeeName)==0)
     ||(targetType==2&&strcmp(target,records[i].employeeDepart)==0))
     return i;
}
return -1;
}
//=====================================================
// function name:findInfo
// description: 查找指定员工的信息
// date:09/10/20
// parameter: 无
//=====================================================
void findInfo()
{
char str[3];
char target[5];
int type;
int count;
int i;
int flag=1;
if(numEmp==0)
{   printf("\n\t\t 没有可供查询的记录! 请按任意键继续! \n");
    getch();
    return;
}
while(flag)   //显示查找员工信息子菜单
{   system("cls");
```

```
//此段代码请读者参照 display()函数中"浏览员工信息子菜单"自己编写
//此菜单包括四个选项：    1---按员工编号        2---按员工姓名
//                        3---按员工所在部门    0---返回主菜单
printf("\n\t\t 请选择查询方式：");
scanf("%s",str);
switch(str[0])
{
    case '1':   printf("\n\t 请输入要查找的员工的编号：");
                scanf("%s",target);
                type=0;
                break;
    case '2':   printf("\n\t 请输入要查找的员工的姓名:");
                scanf("%s",target);
                type=1;
                break;
    case '3':   printf("\n\t 请输入要查找的员工所在部门：");
                scanf("%s",target);
                type=2;
                break;
    case '0':   flag=0;
                return;                 //返回主菜单
    default:    printf("\n\t\t 请输入 0-3 之间的整数！按任意键继续！");
                getch();                //按任意键继续
                continue;               //结束本次循环
}
i=findRecord(target,type,0);
if(i!=-1)
{   printf("\n编号\t 姓名\t 性别\t 出生年月\t 学历\t 部门\t 工资\t 住址\t 电话\n");
    printf("------------------------------------\n");
}
count=0;
while(i!=-1)
{   printf("%-5s%-10s%-3s%-11s%-11s%-8s%-10s%-8s%-20s\n",
        records[i].employeeID, records[i].employeeName,
        records[i].employeeSex,records[i].employeeDate,
        records[i].employeeDegree,records[i].employeeDepart,
        records[i].employeePay,records[i].employeeAddr,
        records[i].employeeTel);
    i=findRecord(target,type,i+1);
    count++;
}
if(count==0)
    {   printf("\n\t\t 没有符合条件的员工记录！按任意键继续！");
        getch();
    }
else
    {   printf("\n\t\t 共找到了%d 名员工的信息!\n\n",count);
        printf("\n\t\t 按任意键继续！");
        getch();                //按任意键继续
    }
}
}
//================================================
// function name:deleteRecord
// description: 删除指定的记录
```

```
// date:09/10/20
// parameter: 无
//=================================================
void deleteRecord()
{
char str[3];
char target[20];
int type;
int i,j;
int flag=1;
if(numEmp==0)
{   printf("\n\t\t 没有可供删除的记录！按任意键返回子菜单！");
    getch();
    return;
}
while(flag)        //显示删除员工信息子菜单
{   system("cls");
```

//此段代码请读者参照display()函数中"浏览员工信息子菜单"自己编写
//此菜单包括三个选项：1---按员工编号　2---按员工姓名　0---返回主菜单

```
    printf("\n\t\t 请选择删除方式：");
    scanf("%s",str);
    switch(str[0])
    {   case '1':  printf("\n\t 请输入要删除的员工的编号：");
                   scanf("%s",target);
                   type=0;
                   break;
        case '2':  printf("\n\t 请输入要删除的员工的姓名：");
                   scanf("%s",target);
                   type=1;
                   break;
        case '0':  flag=0;
                   return;              //返回主菜单
        default:   printf("\n\t\t 请输入 0-3 之间的整数！按任意键继续！");
                   getch();             //按任意键继续
                   continue;            //结束本次循环
    }
    i=findRecord(target,type,0);     //查找满足条件的员工记录
    if(i==-1)
    {   printf("\n\t\t 没有符合条件的员工！按任意键继续！");
        getch();                     //按任意键继续
    }
    while(i!=-1)
    {   printInfo(i);                //打印员工信息
        printf("\n\t\t 确定要删除该员工的信息吗？(y/n)");
        scanf("%s",str);
        if(str[0]=='y' ||str[0]=='Y')
        {   for(j=i;j<numEmp;j++)            //将后面的记录前移
                copyRecord(&records[j+1],&records[j]);
            numEmp--;
            printf("\n\t\t 成功删除记录！按任意键继续！");
            getch();                         //按任意键继续/
```

```
        }
        else
            break;
        i=findRecord(target,type,i++);    //取下一个符合条件的记录
    }
}
saveFlag=1;
}
//===========================================
// function name:modifyRecord
// description: 修改指定员工的信息
// date:09/10/20
// parameter: 无
//===========================================
void modifyRecord()
{
char str[3];
char target[10];
int type;
int i;
int flag=1;
if(numEmp==0)
{    printf("\t\t 没有可供修改的记录! 请按任意键继续! ");
     getch();
     return;
}
while(flag)          //输出修改菜单, 并处理输入信息
{    system("cls");
        //此段代码请读者参照 display( )函数中 "浏览员工信息子菜单" 自己编写
        //此菜单包括三个选项: 1---按员工编号  2---按员工姓名  0---返回主菜单
        printf("\n\t\t 请选择修改类型: ");
        scanf("%s",str);
        switch(str[0])
        {
            case '1': printf("\n\t 请输入要修改的员工的编号: ");
                      scanf("%s",target);
                      type=0;
                      break;
            case '2': printf("\n\t 请输入要修改的员工的姓名: ");
                      scanf("%s",target);
                      type=1;
                      break;
            case '0': flag=0;
                      return;
            default: printf("\n\t\t 请输入 0-2 之间的整数! 按任意键继续! ");
                      getch();              //按任意键继续
                      continue;
        }
        i=findRecord(target,type,0);
        if(i==-1)
        {    printf("\n\t\t 没有符合条件的员工! 按任意键继续! ");
```

```
            getch();
        }
        while(i!=-1)
        {   printf("\n 编号\t 姓名\t 性别\t 出生年月\t 学历\t 部门
                    \t 工资\t 住址\t 电话\n");
            printf("---------------------------------\n");
            printInfo(i);                        //打印员工信息
            printf("\n\t\t 确定要修改该员工的信息吗？(y/n)");
            scanf("%s",str);
            if(str[0]=='y' ||str[0]=='Y')
            {   printf("\n\t****** 修改员工信息 *******\n");
                addInfo(i);
                printf("\n\t\t 修改记录成功!按任意键继续! ");
                getch();
            }
            else
                break;
            i=findRecord(target,type,i++); //取下一个符合条件的记录
        }
    }
    saveFlag=1;
}
```

5. 源文件 save_load.c

该文件中包含 saveRecords( )和 loadRecords( )两个函数的定义。

程序与注释

```
//===========================================
// File Name:save_load.c
// Created:09/10/20
// Description:文件保存、文件读取功能模块函数
//===========================================
#include "employee.h"        //引入预定义头文件
//===========================================
// function name: saveRecords
// description: 文件保存操作函数
// date:09/10/20
// parameter: 无
//===========================================
int saveRecords()
{
FILE *fp;
char fname[30];
if(numEmp==0)
{   printf("\n\t\t 没有记录可存! 按任意键继续! ");
    getch();
    return -1;
}
printf("\n\t\t 输入要存入的文件名：");
scanf("%s",fname);
if((fp=fopen(fname,"wb"))==NULL)
{   printf("\n\t\t 不能存入文件! 按任意键继续! ");
```

```
            getch();
            return -1;
        }
printf("\n\t\t 存入文件......! \n");
fwrite(records,sizeof(EmpInfo)*numEmp,1,fp);
fclose(fp);
printf("\n\t\t%d 条记录已经存入文件，请按任意键继续! \n",numEmp);
saveFlag=0;           //更新是否已经保存的标记
getch();
return 0;
}
//=============================================
// function name: loadRecords
// description: 文件读取操作函数
// date:09/10/20
// parameter: 无
//=============================================
int loadRecords()
{
FILE *fp;
char fname[30];
char str[3];
if(numEmp!=0 && saveFlag==0)
{    printf("\n\t\t 覆盖现有记录(y)，还是追加到现有记录后(n)？");
     scanf("%s",str);
     if(str[0]=='n' || str[0]=='N')  //将读取的记录追加到现有记录后
         saveFlag=1;
     else
     {    if(saveFlag==1)    //覆盖现有记录
          {    scanf("%s",str);
               if(str[0]!='n' || str[0]!='N')
                   printf("\n\t\t 读取文件将会更改原来的记录，是否保存原来的记录？
          (y/n):");
               saveRecords();
          }
          numEmp=0;
     }
}
printf("\n\t\t 输入要读取的文件名：");
scanf("%s",fname);
if((fp=fopen(fname,"rb"))==NULL)
{    printf("\t\t 打不开文件! 请重新选择! ");
     getch();
     return -1;
}
printf("\n\t\t 读取文件......\n");
while(!feof(fp))
{    if(numEmp>arraySize)     //现有的数组空间不足，需要重新申请空间
     {
     records=realloc(records,(arraySize+INCR_SIZE)*sizeof(EmpInfo));
     if(records==NULL)
     {    printf("内存申请失败! ");
          exit(-1);
```

```
        }
        arraySize=arraySize+INCR_SIZE;
    }
    if(fread(&records[numEmp],sizeof(EmpInfo),1,fp)!=1)
        break;
    numEmp++;
}
fclose(fp);
printf("\n\t\t 现在共有%d 条记录。请按任意键继续！",numEmp);
getch();
return 0;
}
```

6. 源文件 sort_copy.c

该文件中包含 sortInfo( )和 copyRecord( )两个函数的定义。

程序与注释

```
//================================================
// File Name:sort_copy.c
// Created:09/10/20
// Description:排序、复制功能模块函数
//================================================
#include "employee.h"        //引入预定义头文件
//================================================
// function name: sortInfo
// description: 文件排序
// date:09/10/20
// parameter: 无
//================================================
void sortInfo()
{
char str[3];
int i,j;
int flag=1;
EmpInfo temp;
if(numEmp==0)
{   printf("\t\t 没有可供排序的记录！按任意键继续！");
    getch();
    return;
}
while(flag)   //输出排序菜单，并处理输入信息
{   system("cls");
    //此段代码请读者参照 display( )函数中"浏览员工信息子菜单"自己编写
    //此菜单包括四个选项：1---按员工编号升序   2---按部门升序
    //                    3---按工资升序       0---返回主菜单
    printf("\n\t\t 请选择排序方式：");
    scanf("%s",str);
    if(str[0]<'1'||str[0]>'3')
        return;
    for(i=0;i<numEmp;i++)       //进行冒泡排序
    {   for(j=i+1;j<numEmp;j++)
        {   if((str[0]=='1'&&strcmp(records[i].employeeID,
            records[j].employeeID)>0) || (str[0]=='2'
            &&strcmp(records[i].employeeDepart,
```

```
                    records[j].employeeDepart)>0)|| (str[0]=='3'&&
              strcmp(records[i].employeePay,records[j].employeePay)>0))
              {   //交换 records[i]和 records[j]
                  copyRecord(&records[i],&temp);
                  copyRecord(&records[j],&records[i]);
                  copyRecord(&temp,&records[j]);
              }
          }
      }
      printf("\n\t\t 排序已经完成！按任意键继续！");
      getch();
      saveFlag=1;
}
}
//==========================================================
// function name: copyRecord
// description: 记录复制，将 src 指向的一条记录复制到 temp 指向的记录
// date:09/10/20
// parameter: src,temp
//==========================================================
void copyRecord(EmpInfo* src,EmpInfo* temp)
{
strcpy(temp->employeeID,src->employeeID);
strcpy(temp->employeeName,src->employeeName);
strcpy(temp->employeeSex,src->employeeSex);
strcpy(temp->employeeDate,src->employeeDate);
strcpy(temp->employeeDegree,src->employeeDegree);
strcpy(temp->employeeDepart,src->employeeDepart);
strcpy(temp->employeePay,src->employeePay);
strcpy(temp->employeeAddr,src->employeeAddr);
strcpy(temp->employeeTel,src->employeeTel);
}
```

3.2.6　系统实现截图

1．主菜单界面

程序启动后，首先出现"欢迎使用人力资源信息管理系统"的欢迎信息，延时 2 秒后，进入如图 3-11 所示的系统主界面。

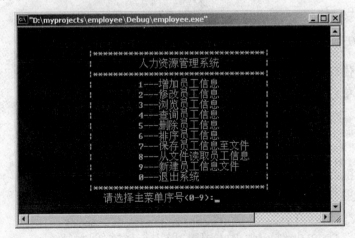

图 3-11　主菜单界面

2. 增加员工信息

在主菜单中选择"1"，进入"增加员工信息"界面，如图 3-12 所示。

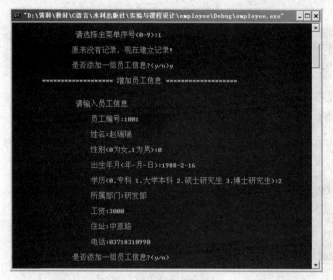

图 3-12 增加员工信息界面

3. 修改员工信息

在主菜单中选择 2，进入"修改员工信息子菜单"界面，用户可以选择不同的修改类型，如图 3-13 所示。

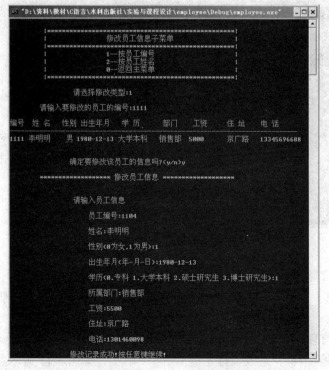

图 3-13 修改员工信息子菜单界面

4. 浏览员工信息

在主菜单中选择 3，进入"浏览员工信息"界面，从中可以选择浏览的类型，如图 3-14 所示。

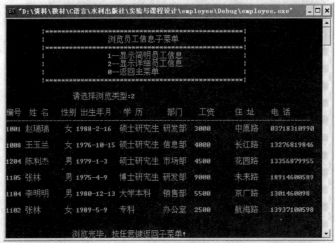

图 3-14　浏览员工信息界面

5. 查询员工信息

在主菜单中选择 4，进入"查询员工信息"界面，从中可以选择浏览的类型，如图 3-15 所示。

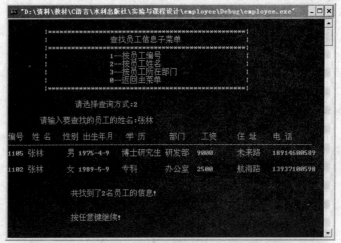

图 3-15　查询员工信息界面

6. 删除员工信息

在主菜单中选择"5"，进入"删除员工信息"界面，从中可以选择删除的类型，如图 3-16 所示。

7. 排序员工信息

在主菜单中选择"6"，进入"排序员工信息"界面，如图 3-17 所示。可以选择排序的类型，排序操作完毕后，选择"3"浏览员工信息测试排序是否正确。

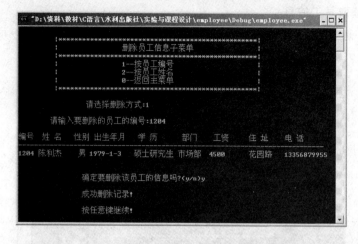

图 3-16 删除员工信息界面

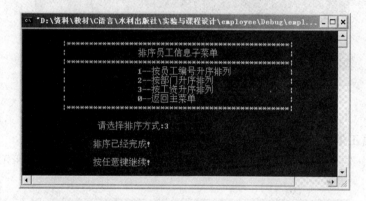

图 3-17 排序员工信息界面

8. 保存员工信息至文件

在主菜单中选择"7",进入"保存员工信息至文件"界面,如图 3-18 所示。

图 3-18 修改员工信息界面

9. 从文件读取员工信息

在主菜单中选择"8",进入"从文件读取员工信息"界面,如图 3-19 所示。

图 3-19　从文件读取员工信息界面

10. 新建员工信息文件

在主菜单中选择"9",进入"新建员工信息文件"界面,如图 3-20 所示。

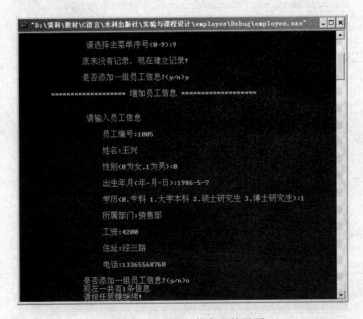

图 3-20　新建员工信息文件界面

3.3 小 结

在程序设计中，要使程序具有良好的设计风格，以下几点应特别注意：

（1）合理安排各成分的位置。一般#include 命令行在程序的最前面，接着依次是#define 命令行、类型声明（如结构体类型声明，全局变量的声明）、函数原型声明、各函数等。

（2）适当加注释。一般在整个程序的开头加注释解释本程序的功能和一些说明，在函数或各程序段的开头加注释解释其实现的功能、算法、参数等，在变量的定义行后面解释该变量的用途等。

（3）程序中适当加上空行。在命令行和类型声明之间、类型声明和函数原型声明之间、函数原型声明与函数定义之间、函数内部变量定义与其下执行语句之间均空一行，有些地方视情况可空两行。

（4）采用缩排格式。一般用 Tab 键将某些行向右缩进，这样可使程序的逻辑结构更加清晰、层次分明，显著提高程序的可读性。

（5）标识符要见名知意。可用英文单词、拼音或缩写作为标识符的一部分。

（6）用户界面友好。一般使用计算机解决问题时，采用人机对话形式。当要求用户输入数据时，给出提示信息，而且输入格式要一致。如果用户误操作，输入的数据有错误，则应进行相应的处理，保证软件不崩溃，也就是使程序具有健壮性。输出数据时适当控制输出格式，使显示的数据清晰、美观。

第4部分 试 题 汇 编

模 拟 试 题 1

一、选择题（30分）

1. 一个 C 语言程序的执行是从（　　　）。

    （A）本程序的 main( )函数开始，到 main( )函数结束

    （B）本程序文件的第一个函数开始，到本程序文件的最后一个函数结束

    （C）本程序的 main( )函数开始，到本程序文件的最后一个函数结束

    （D）本程序文件的第一个函数开始，到本程序 main( )函数结束

2. C 语言中的标识符只能由字母、数字和下划线三种字符组成，且第一个字符（　　　）。

    （A）必须为字母　　　　　　　（B）必须为下划线

    （C）必须为字母或下划线　　　（D）可以是字母、数字和下划线中任一种字符

3. 下列常数中哪个是合法的字符常量（　　　）。

    （A）"a"　　　　　（B）'\\"　　　　　（C）'W'　　　　　（D）"

4. 若 fp 是指向某文件的指针，且已读到文件末尾，则库函数 feof(fp)的返回值为（　　　）。

    （A）EOF　　　　　（B）-1　　　　　（C）非零值　　　　（D）NULL

5. 在 C 语言中，要求运算数必须是整型的运算符是（　　　）。

    （A）/　　　　　　（B）++　　　　　（C）!=　　　　　（D）%

6. 判断 char 型变量 ch 是否为大写字母的正确表达式是（　　　）。

    （A）'A'<=ch<='Z'　　　　　　　（B）(ch>='A')&(ch<='Z')

    （C）(ch>='A')&&(ch<='Z')　　　（D）('A'<=ch)AND('Z'>=ch)

7. 以下程序的运行结果是（　　　）。
```
main()
{ int  k= 4,a=3,b=2,c=1;
    printf("\n %d\n",k< a ? k:c<b ?c :a);}
```
    （A）4　　　　　　（B）3　　　　　　（C）2　　　　　　（D）1

8. 以下不是无限循环的语句为（　　　）。

    （A）for(y=0, x=1; x>++y; x=i++)　i=x ;

    （B）for(; ; x++=i);

    （C）while(1)　{x ++; }

    （D）for(i=10; ; i--)　　sum+=i;

9. 当一个函数无返回值时，定义它的类型应是（　　　　）。

（A）void （B）任意类型 （C）无 （D）int

10. 以下正确的描述是（　　　　）。

（A）continue 语句的作用是结束整个循环的执行

（B）只能在循环体内和 switch 语句体内使用 break 语句

（C）在循环体内使用 break 语句或 continue 语句的作用相同

（D）从多层循环嵌套中退出时，只能使用 goto 语句

11. 16 位编译系统下 int 型数据占一个字节，则变量 student1 占（　　　　）字节的空间。

```
struct   student
   { int   a[5];
     char  b[5];
     float  c;
   } student1;
```

（A）3 （B）7 （C）14 （D）19

12. 以下定义中正确的是（　　　　）。

（A）enum   color {"red", "yellow", "blue", "white", "black"}

（B）enum   color {'red', 'yellow', 'blue', 'white', 'black'}

（C）enum   color {red   yellow   blue   white   black}

（D）enum   color {red=4, yellow, blue=8, white, black}

13. 关于变量的属性，以下说法正确的是（　　　　）。

（A）主函数中定义的变量是全局变量，非主函数定义的变量是局部变量

（B）静态变量和外部变量的作用域是整个程序

（C）静态变量具有永久生存期，动态变量具有动态生存期

（D）外部变量既可以多次定义，也可以多次声明

14. 判断字符串 a 和 b 是否相等，应当使用（　　　　）。

（A）if(a==b) （B）if(a=b)

（C）if(strcpy(a，b)==0) （D）if(strcmp(a，b)==0)

15. 下面是对 s 的初始化，其中不正确的是（　　　　）。

（A）char   s[5]={"abc"} （B）char s[5]={'a', 'b', 'c'};

（C）char   s[5]="" （D）char s[5]="abcdef";

二、填空题（20 分）

1. 有定义

```
union   score
   { int   a;
     float  b;
     char  c;
   };
```

则 sizeof(union   score)= ＿＿＿＿＿＿＿＿＿＿。

2. 有如下定义语句

```
int   a[]={1, 2, 3, 4, 5, 6, 7, 8, 9};
```

```
int  *p;
p=a;
```
则*(p+2)的值为_____。

3. 用 C 语言描述命题：a 是奇数_____。

4. 若 x=3，y=2，z=1，u=1；求下列表达式的值。

   u+=(x<y?x: y)   _____

   x+y>z&&y==u   _____

5. 设 i，j，k 为 int 变量，则执行下列语句后 k 的结果是_____。
   ```
   for(i=0, j=10; i<=j; i++, j--)
        k=i+j;
   ```

6. 若 char ch='b'，那么遇到下列语句会输出_____。
   ```
   switch(ch)
      {case 'a' : printf("it is a\t");
       case 'b' : printf("it is b\t");
       case 'c' : printf("it is c\t"); break;
       case 'd' : printf("it is d\t"); }
   ```

7. 有定义 int m=0，x=2，y=4，z=3；则下列语句执行后输出结果为_____。
   ```
   m=x;
   if (z>y)
     if (z>x)
       m=z;
     else
       if(y>x)
         m=y;
   printf("m=%d", m);
   ```

8. 若数据类型 int 占 2 个字节，那么它的取值范围为_____～_____。

9. 下面程序的输出结果为_____。
   ```
   int  a=-1;
   if(a)  printf("it is true\n");
   else   printf("it is false"\n);
   ```

10. 判断某年份 year 是否是闰年的条件表示为_____。

三、读程序，写出运行结果（15 分）

1. 以下程序运行后，输出结果是_____。
   ```
   #include <stdio.h>
   ss(char *s)
   { char  *p=s;
     while(*p)  ++p;
     return(p-s);
   }
   main()
   { char *a="abded";
     int  i;
     i=ss(a);
     printf("%d\n",i);
   }
   ```

2. 下面程序的运行结果是_____。
```c
#include <stdio.h>
main()
{   char  ch[7]={"65ab21"};
    int  i,s=0;
    for(i=0;ch[i]>='0'&&ch[i]<'9';i+=2)
      s=10*s+ch[i]-'0';
    printf("%d\n",s);
}
```

3. 当执行下面的程序时，如果输入 ABC，则输出结果是_____。
```c
#include "stdio.h"
#include "string.h"
main()
{   char  ss[10]="12345";
    gets(ss);
    strcat(ss,"6789");
    printf("%s\n",ss);
}
```

4. 下列程序段的输出结果是_____。
```c
#include "stdio.h"
main()
{   char  b[]="Hello,you";
    b[5]=0;
    printf("%s\n",b);
}
```

5. 以下程序的输出结果是_____。
```c
main()
{   char  w[][10]={ "ABCD","EFGH","IJKL","MNOP"} , k;
    for(k=1;k<3;k++)
        printf("%s\t",w[k]);
}
```

四、请将下面的程序补充完整（15 分）

1. 已知程序功能是：计算 1~10 的奇数之和及偶数之和。请填空。
```c
#include <stdio.h>
main()
{   int n,m,s1,s2;
    s1=s2=0;
    for(n=0;n<=10;n+=2)
    {   s1+=n;
        _____;
        s2+=m;
    }
    printf("偶数之和 s1=%d,奇数之和 s2=%d\n",s1,_____);
}
```

2. 下面程序功能是：从键盘输入数组 a 的各个元素，并以每行 5 个数据的形式输出数组中的所有元素。请填空。
```c
#include<stdio.h>
#define N 20
main()
{   int a[N],i;
```

```
for(i=0;i<N;i++)
    _____;
for(i=0;i<N;i++)
{ if(_____) _____;
    printf("%d",a[i]);
}
printf("\n");
}
```

3．函数 swap 的功能是：交换两个 int 类型的数据；请填空。

```
void swap(int* x,int* y)
{ int t;
    t=*x; _____; *y=t;
}
main( )
{ int a,b,*p,*q;
    a=100;b=200;
    p=_____; q=_____;
    printf("before:a=%d,b=%d\n",a,b);
    swap(p,q);
    printf("after: :a=%d,b=%d\n",a,b);
}
```

五、程序设计（20 分）

1．有一个班，30 个学生，各学 4 门课。要求写 3 个函数：①输入每个学生的成绩；②计算总分和平均分；③输出第 n 个学生的成绩。（②、③用指针编程）

模 拟 试 题 2

一、选择题(30 分)

1．一个 C 语言程序由若干个 C 函数组成，各个函数在文件中的位置为（　　　　）。

（A）任意

（B）第一个函数必须是主函数，其他函数任意

（C）必须完全按照顺序排列

（D）其他函数必须在前，主函数必须在最后

2．设有如下定义：

```
int a=1,b=2,c=3,d=4,m=2,n=2;
```

则执行表达式：(m=a>b)&&(n=c>d)后，n 的值为（　　　　）。

（A）1　　　　　（B）2　　　　　（C）3　　　　　（D）0

3．若给出以下定义：

```
char x[]="abcdefg";
char y[]={'a','b','c','d','e','f','g'};
```

则正确的叙述为（　　　　）。

（A）数组 x 和数组 y 等价　　　　（B）数组 x 和数组 y 的长度相同

（C）数组 x 的长度大于数组 y 的长度　　（D）数组 y 的长度大于数组 x 的长度

4．表示关系 x≤y≤z 的 C 语言表达式为（　　　　）。

（A）(x<=y)&&(y<=z)   （B）(x<=y)AND(y<==z)

（C）(x<=y<=z)   （D）(x<=y)&(y<=z)

5. 定义如下变量和数组:

```
int k;

int a[3][3]={1, 2, 3, 4, 5, 6, 7, 8, 9};
```

则下面语句的输出结果是（   ）。

```
for(k=0;k<3;k++)
    printf("%d",a[k][2-k]);
```

（A）3 5 7   （B）3 6 9   （C）1 5 9   （D）1 4 7

6. 执行语句 for(i=1; i++<4;); 后变量 i 的值是（   ）。

（A）3   （B）4   （C）5   （D）不定

7. 以下程序的输出结果是（   ）。

```
main()
{  int x = 16,y=016,z=0x16;
   printf ("%d,%d,%d\n",x,y,z);
}
```

（A）16,14,16   （B）16,14,22

（C）16,16,16   （D）16,16,16

8. 若有说明语句: char ch='\72'; 则变量 ch 包含（   ）个字符。

（A）1   （B）2   （C）3   （D）不合法

9. 下列哪个转义字符代表跳到下一输出区（   ）。

（A）'\n'   （B）'\t'   （C）'\b'   （D）'\r'

10. 若 STUDENT   student1，student2；(student1，student2 为结构体变量)为正确定义，那么在此之前应做（   ）定义。

（A）struct   （B）struct   STUDENT
     { char name[20];   { char name[20];
        int num;   int num;
     } STUDENT;   };

（C）typedef struct   （D）typedef struct STUDENT
     { char name[20];   { char name[20];
        int num;   int num;
     } STUDENT ;   };

11. 有以下程序段

```
int a[10]={1,2,3,4,5,6,7,8,9,10},*p=&a[3],b;
b=p[5];
```

b 中的值是（   ）。

（A）5   （B）6   （C）8   （D）9

12. 不能把字符串 "Hello!" 赋给数组 b 的语句是(   )。

（A）char b[10]={'H', 'e', 'l', 'l', 'o', '!'};

（B）char b[10];b="Hello!";

（C）char b[10]; strcpy(b, "Hello!");

（D）char b[10]= "Hello!";

13. 设有程序段

```
int k=10;
while(k==0)  k=k-1;
```

则下面描述中正确的是(　　　　)。

　　（A）while 循环执行 10 次　　　　（B）循环是无限循环

　　（C）循环体语句一次也不执行　　（D）循环体语句执行一次

14. 若有说明：int n=2,*p=&n,*q=p;，则以下非法的赋值语句是（　　　　）。

　　（A）p=q;　　　（B）*p=*q;　　　（C）n=*q;　　　（D）p=n;

15. 以下程序段（　　　　）。

```
x= -1;
do
{ x=x*x;
}while(x);
```

　　（A）是死循环　　　　　　　　　（B）循环执行二次

　　（C）循环执行一次　　　　　　　（D）有语法错误

二、填空题（20 分）

1. 设 a=5,执行赋值语句 x= ++a/2;后，x=_____, a=_____。

2. 执行下列语句的输出结果是_____。

```
int i=10,j=15;   printf("%d+%d=%d\n",i,j,i+j);
```

3. 执行 printf("%c",'a'+3);的结果是_____。

4. 有 int a=3,b=4,c=5;则表达式 a||b+c&&b==c 的值为_____。

5. 若执行 fopen( )函数时发生错误，则函数的返回值是_____。

6. 有如下程序，执行后 a 的值是_____。

```
int *p,a=10,b=1;
p=&a;
a=*p+b;
```

7. 下面语句的执行结果为_____。

```
printf("d:\\myc\\");
```

8. 设有 char ch;判断 ch 为数字字符的表达式是_____。

9. 执行下列程序段后，k 的值是_____。

```
int k=1,n=263;
do
{ k*=n%10;
  n/=10;
}while(n!=0);
```

10. 假定 w，x，y，z 和 m 均为 int 型变量，如下程序执行后 m 的值为_____。

```
w=1; x=2; y=3; z=4;
m=(w<x)?w: x;
m=(m<y)?m: y;
m=(m<z)?m: z;
```

三、读程序，写出运行结果（15 分）

1. 以下程序的输出结果是_____。

```
main()
```

```
{ int arr[]={30,25,20,15,10,5};
  int *p=arr;
  p++;
  printf("%d\n",*(p+3));
}
```

2. 若执行下面的程序时，从键盘输入 3 和 4，则输出结果是_____。

```
main()
{ int a,b,s;
  scanf("%d%d",&a,&b);
  s=a;
  if (a<b) s=b;
  s=s*s;
  printf("%d\n",s);
}
```

3. 以下程序运行后的输出结果是_____。

```
main()
{ int i,n[]={0,0,0,0,0};
  for(i=1;i<=4;i++)
  { n[i]=n[i-1]*2+1;
    printf("%d ",n[i]);
  }
}
```

4. 以下程序运行后的输出结果是_____。

```
#include <stdio.h>
void ast(int x,int y,int *cp,int *dp)
{ *cp=x+y;  *dp=x-y;  }
main()
{ int a=4,b=3,c,d;
  ast(a,b,&c,&d);
  printf("c=%d,d=%d\n",c,d);
}
```

5. 以下程序运行后的输出结果是_____。

```
main()
{ char s[]="9876",*p;
  for(p=s;p<s+2;p++)
       printf("%s\t",p);
}
```

四、请将下面的程序补充完整（15 分）

1. 下面程序的功能是求 1!+2!+3!+4!+5!，请填空：

```
main()
{ int i, j, f, sum=0;
  for(i=1;i<=5;i++)
  { f=1;
    for(j=1;_____; j++)
          _____;
    sum=sum+f;
  }
  printf("1! +2! +…+5!=%d",sum);
}
```

2. 下列函数 invert( )的功能是：将数组 a 中 n 个元素逆序存放；请填空。

```
#include<iostream.h>
#define N 10
void invert(int a[],int n)
{   int i=0,j=n-1-i;
    while(_____)
    { int t;
      t=a[i];_____; a[j]=t;
      i++;
      _____;
    }
}
```

3. 以下函数的功能是：求 x 的 y 次方。请填空。

```
double fun(double x,int y)
{ int i;
  double z=1.0;
  for(i=1;i<=y;i++)
      _____;
  return z;
}
```

五、程序设计（20 分）

1. 将输入的 20 个整数存放在一维数组中，输出其中的最大数及此数在数组中的位置（下标）。要求 20 个整数用 scanf 输入，查找过程中不能改变数据在数组中的位置。

2. 求 10～1000 以内的素数。

模 拟 试 题 3

一、选择题（30 分）

1. 以下选项中可作为 C 语言合法整数的是（　　　）。

（A）10110B　　　　（B）0386　　　　（C）0Xffa　　　　（D）x2a2

2. 以下定义语句中正确的是（　　　）。

（A）char a='A'b='B';　　　　　　（B）float a=b=10.0;

（C）int a=10,*b=&a;　　　　　　（D）float *a,b=&a;

3. 下列选项中，不能用作标识符的是（　　　）。

（A）_1234_　　　　（B）_1_2　　　　（C）int_2_　　　　（D）2_int_

4. 以下选项中非法的表达式是（　　　）。

（A）0<=x<100　　（B）i=j==0　　（C）(char)(65+3)　　（D）x+1=x+1

5. 以下关于 main( ) 函数位置的说法，（　　　）是正确的。

（A）main( ) 函数必须出现在所有函数之前

（B）main( ) 函数可以在任何地方出现

（C）main( ) 函数必须出现在所有函数之后

（D）main( ) 函数必须出现在固定位置

6. 设有如下程序段：

```
int x=2002, y=2003;    printf("%d\n",(x,y));
```

则以下叙述中正确的是（　　　）。

（A）输出语句中格式说明符的个数少于输出项的个数，不能正确输出

（B）运行时产生出错信息

（C）输出值为 2002

（D）输出值为 2003

7. 已知 char c；则下列语句中正确的是（　　　）。

（A）c='97';　　　　（B）c="97";　　　　（C）c=97;　　　　（D）c="a";

8. 以下不能正确定义二维数组的选项是（　　　）。

（A）int a[2][2]={{1},{2}};　　　　　　　（B）int a[][2]={1,2,3,4};

（C）int a[2][2]={{1},2,3};　　　　　　　（D）int a[2][ ]={{1,2},{3,4}};

9. 下列选项中正确的语句组是（　　　）。

（A）char s[8]; s={"Beijing"};　　　　　（B）char *s; s={"Beijing"};

（C）char s[8]; s="Beijing";　　　　　　（D）char *s; s="Beijing";

10. 已定义以下函数，该函数的返回值是（　　　）。

```
fun(int *p)
{ return *p; }
```

（A）不确定的值　　　　　　　　　　（B）形参 p 中存放的值

（C）形参 p 所指储存单元中的值　　　　（D）形参 p 的地址值

11. 已定义以下函数，该函数的功能是（　　　）。

```
fun(char *p2, char *p1)
{ while((*p2=*p1)!='\0')
  { p1++;p2++; }
}
```

（A）将 p1 所指字符串复制到 p2 所指内存空间

（B）将 p1 所指字符串的地址赋给指针 p2

（C）对 p1 和 p2 两个指针所指字符串进行比较

（D）检查 p1 和 p2 两个指针所指字符串中是否有'\0'

12. 有以下说明和定义语句：

```
struct student
  {int age; char num[8];};
struct student stu[3]={{20,"200401"},{21,"200402"},{19,"200403"}};
struct student *p=stu;
```

以下选项中引用结构体变量成员的表达式错误的是（　　　）。

（A）(p++)->num　　（B）p->num　　（C）(*p).num　　（D）stu[3].age

13. 若变量已正确定义，要求程序段完成求 5!的计算，不能完成此操作的程序段是
（　　　）。

（A）for(i=1,p=1;i<=5;i++)　　　　（B）for(i=1;i<=5;i++)

　　　　p*=i;　　　　　　　　　　　　{ p=1; p*=i;}

（C）i=1;p=1;　　　　　　　　　　（D）i=1;p=1;

　　while(i<=5)　　　　　　　　　　do{p*=i;

　　{p*=i; i++;}　　　　　　　　　　　i++;}while(i<=5);

14. 若有如下程序段，则与其功能等价的赋值语句是（　　　）。

```
int s,a,b,c;
for(b=1;b<=c;b++) s=s+1;
```

（A）s=a+b;　　　（B）s=a+c;　　　（C）s=s+c;　　　（D）s=b+c;

15. 有以下程序段，程序运行后的输出结果是（　　　）。

```
main()
{ int i;
    for(i=0;i<3;i++)
    switch(i)
    {
      case 0:printf("%d",i);
      case 2:printf("%d",i);
      default:printf("%d",i);
    }
}
```

（A）022111　　　（B）021021　　　（C）000122　　　（D）012

二、填空题（20分）

1. 若有 int a=1,b=2;则表达式 a>b?a:b++的值是_____，b 的值是_____。

2. 以下程序运行后的输出结果是_____。

```
char s[]="\\141\141abc\t";
printf("%d\n",strlen(s));
```

3. 有 int x=1,y=2;则表达式 3+x/y 的值为_____。

4. 若有程序

```
main()
{ int i,j;
    scanf("i=%d,j=%d",&i,&j);
    printf("i=%d,j=%d\n ",i,j);
}
```

要求给 i 赋 10，给 j 赋 20，则应该从键盘输入_____。

5. 以下程序运行后的输出结果是_____。

```
main()
{char m;
 m='B'+32; printf("%c\n",m);
}
```

6. 设有 char ch;判断 ch 为英文字母的表达式是_____。

7. 以下程序运行后的输出结果是_____。

```
int k=1,j=2,*p=&k,*q=p;
p=&j;
printf("*p=%d, *q=%d\n",*p,*q);
```

8. 表达式(float)(25)/4 和 (int)(14.6)%5 的值分别为_____和_____。

9. break 语句可以用在_____语句和_____语句中。

10. 有以下定义：int a[4]={0,1,2,3},*p; 若 p=&a[0]，则 *p 的值是____；若 p=&a[1]，则*p++的值是_____。

三、读程序，写出运行结果（15分）

1. 以下程序运行后的输出结果是_____。

```
main()
```

```
{ int i=10, j=0;
  do
    { j=j+i;
      i--;
    }while(i>2);
  printf("%d\n",j);
}
```

2. 下面程序的输出结果是_____。
```
#include "stdio.h"
main()
{ char b[ ]="ABCD";
  char *chp;
  for(chp=b;*chp;chp+=2)
      printf("%s\t",chp);
  printf("\n");
}
```

3. 下列程序运行后的输出结果是_____。
```
#include <stdio.h>
main()
{ char ch[7]="56bc12";
  int i,s=0;
  for(i=0;ch[i]>='0'&&ch[i]<='9';i++)
      s=10*s+ch[i]-'0';
  printf("s=%d\n",s);
}
```

4. 下列程序运行后的输出结果是_____。
```
#include <stdio.h>
main()
{ char c1='1',c2='5';
  printf("%3c\t",c2++);
  printf("%d\n",c2-c1);
}
```

5. 下列程序运行后的输出结果是_____。
```
void sub(int x, int y, int *z)
  { *z=y-x; }
 main()
{ int a,b,c;
  sub(7,3,&a); sub(2,a,&b); sub(a,b,&c);
  printf("%d,%d,%d\n",a,b,c);
}
```

四、请将下面的程序补充完整（15 分）

1. 已定义函数 bubblesort( )，其功能是使用冒泡法对 n 个数进行升序排列，请将该函数补充完整。
```
void bubblesort(int a[ ], int n)
{int i,j,t;
 for(i=n-1;i>=1;i--)
   for(j=0;j<i;j++)
     if (_____)
     { t=a[j]; a[j]=a[j+1]; a[j+1]=t;}
}
```

2. 以下程序把从终端读入的文本（用@作为文本结束标志）输出到一个 为 out.dat 的新文件中，请填空。

```
#include <stdio.h>
main()
{ FILE *fp; char ch;
  if((fp=_____)==NULL)    exit(0);
  while ((ch=getchar( ))!='@')
     fputc(ch,fp);
  fclose(fp);
}
```

3. 以下程序的功能是输入一个整数，判断是否为素数，若为素数输出 1，否则输出 0，请填空。

```
main()
{ int  i,x,y=1;
  scanf("%d",&x);
  for(i=2;i<=_____;i++)
    if (_____)    {y=0;break;}
  printf("%d\n",y);
}
```

五、程序设计

1. 打印输出 0～100 以内的整数中是 13 的倍数的数。

2. 从键盘输入 10 个学生的成绩，求最高分和最低分。

模 拟 试 题 4

一、选择题（20 分）

1. 设变量定义为 int a,b;，执行下列语句时，输入（　　　），则 a 和 b 的值都是 10。
   scanf("a=%d, b=%d",&a, &b);
   （A）10 10　　　　　（B）10,10　　　　　（C）a=10 b=10　　　（D）a=10, b=10

2. 设有语句 char a='\72'; 则变量 a 包含的字符个数是（　　　）。
   （A）1　　　　　（B）2　　　　　（C）3　　　　　（D）说明不合法

3. 设变量定义为 int a[4];，则表达式(　　　)不符合 C 语言语法。
   （A）*a　　　　　（B）a[0]　　　　　（C）a　　　　　（D）a++

4. 若变量已正确定义，语句 if(a>b) k=0; else k=1;和(　　　)等价。
   （A）k=(a>b)?0:1;　　　　　　　　　（B）k=a>b;
   （C）k=a<=b;　　　　　　　　　　　（D）a<=b?0:1;

5. 当调用函数时，实参是一个数组名，则向函数传送的是(　　　)。
   （A）数组的长度　　　　　　　　　　（B）数组的首地址
   （C）数组每一个元素的地址　　　　　（D）数组每个元素中的值

6. 下列逻辑表达式的值为非 0 的是（　　　）。
   （A）1<4 && 7<4　　　　　　　　　（B）!(2<=5)
   （C）!(1<3)||(2<5)　　　　　　　　（D）!(4<=6)&&(3<=7)

7. 设有下列语句：

```
int x[6]={2,4,6,8,5,7},*p=x,i;
```

要求依次输出 x 数组 6 个元素中的值，不能完成此操作的语句是（　　　）。

（A）for(i=0;i<6;i++)
　　printf("%2d",*(p++));

（B）for(i=0;i<6;i++)
　　printf("%2d",*(p+i));

（C）for(i=0;i<6;i++)
　　printf("%2d",*p++);

（D）for(i=0;i<6;i++)
　　printf("%2d",(*p)++);

8. 以下选项中不能正确把 cl 定义成结构体变量的是（　　　）。

（A）typedef struct
　　{ int red;
　　　int green;
　　　int blue;
　　} COLOR;
　　COLOR cl;

（B）struct color cl;
　　{ int red;
　　　int green;
　　　int blue;
　　};

（C）struct color
　　{ int red;
　　　int green;
　　　int blue;
　　}cl;

（D）struct
　　{ int red;
　　　int green;
　　　int blue;
　　}cl;

9. 有以下程序段，while 循环执行的次数是(　　　)。

```
int k=0
while(k=1)   k++;
```

（A）无限次

（B）有语法错，不能执行

（C）一次也不执行

（D）执行一次

10. 设 x 为 int 型变量,则执行以下语句后,x 的值为（　　　）。

```
x=10;   x+=x-=x-x;
```

（A）10　　　　　（B）20　　　　　（C）40　　　　　（D）30

11. 已知 int x=1,y=2,z=3;，以下语句执行后 x,y,z 的值是(　　　)。

```
if (x>y)  z=x; x=y; y=z;
```

（A）x=1,y=2,z=3

（B）x=1,y=3,z=3

（C）x=2,y=3,z=1

（D）x=2,y=3,z=3

12. 若已定义 a 为 int 型变量，则(　　　)是对指针变量 p 的正确定义和初始化。

（A）int 　*p=a;

（B）int 　*p=*a;

（C）int 　p=&a;

（D）int 　*p=&a;

13. 若定义 a[ ][2]={1,2,3,4,5,6,7};，则 a 数组中行的大小是（　　　）。

（A）2　　　　（B）3　　　　（C）4　　　　（D）无确定值

14. 以下程序的输出结果是（　　　）。

```
main( )
{  int a=4,b=5,c=0,d;
   d =!a &&!b||!c;
   printf("%d\n",d);
}
```

（A）1　　　　　　（B）0　　　　　　（C）非 0 的数　　　（D）−1

15．以下数组定义中不正确的是（　　　　）。

（A）int a[2][3];　　　　　　　　　　　（B）int b[ ][3]={0,1,2,3};

（C）int c[100][100]={0};　　　　　　（D）int d[3][ ]={{1,2},{1,2,3},{1,2,3,4}};

二、填空题（20分）

1．表示条件：60<x<100 或 x<0 的表达式是＿＿＿＿＿＿＿＿＿＿＿＿＿＿＿＿＿。

2．求下列各式的值。

（1）7/2=（　　　　）　　　　　　　　　（2）13%4=（　　　　　　）

（3）−7%3=（　　　　）　　　　　　　　（4）4.0/2.0=（　　　　）

3．下列程序段的输出结果是＿＿＿＿＿＿＿＿＿＿＿＿。
```
int k;
float s;
for(k=0,s=0;k<7;k++)
    s+=k/2;
printf("%d, %fn",k,s);
```

4．以下程序段的输出结果是＿＿＿＿＿＿＿＿。
```
char s[ ]="\\101\101abc\t";
printf ("%d\n",strlen(s));
```

5．以下程序段的输出结果是＿＿＿＿＿＿＿＿。
```
char *s="12345";
s=s+2;
printf("%s",s);
```

6．printf("%d",a);其中 a=031,则输出结果为＿＿＿＿＿＿。

7．若 char ch[]="program";则 printf("%c",ch[0])的输出结果是＿＿＿＿＿＿＿，printf("%s",ch)的输出结果是＿＿＿＿＿＿＿。

8．若有定义 int a=6,x;执行赋值语句 x=--a/2;后，x=＿＿＿＿＿＿＿,a=＿＿＿＿＿＿＿。

9．执行下列语句后的输出结果是＿＿＿＿＿＿＿＿＿＿＿。
```
int a=13,b=17,*p1,*p2,*q;
p1=&a;   p2=&b;
q=p1; p1=p2;   p2=q;
printf("%d,%d\n",*p1,*p2);
```

10．语句：printf("%d",(a=2)&&(b=-2));　的输出结果是＿＿＿＿＿＿＿＿＿。

三、读程序，写出运行结果（15分）

1．以下程序的输出结果是＿＿＿＿＿＿＿＿。
```
main()
{
    int i,a[10];
    for(i=9;i>=0;i--)
      a[i]=10-i;
    printf("%d,%d,%d\n",a[2],a[5],a[8]);
}
```

2．下列程序的输出结果是＿＿＿＿＿＿＿＿。
```
main()
{ int k=17;
    printf("%d,%o,%x\n",k,k,k);
```

```
}
```

3. 下列程序的输出结果是_____。

```
main( )
{ int i,t=1;
  for(i=1;i<=5;i++)
       t=t*i;
  printf("%d\n",t);
}
```

4. 以下程序的输出结果是_____。

```
main()
{ char ch[3][5]={"AAAA","BBB","CC"};
  printf("%s\n",ch[1]);
}
```

5. 以下程序的输出结果是_____。

```
main( )
{ int x=31,y=2,s=0;
  do
  { s-=x*y;
    x+=2;
    y-=3;
  }while(x%3==0);
  printf("x=%d\ty=%d\ts=%d\n",x,y,s);
}
```

四、请将下面的程序补充完整（15分）

1. 以下函数的功能是 s=1+1/2!+1/3!+…+1/n!。请填空。

```
double fun(int n)
{ double s,fac;
  int i;
  s=0.0;
  _____;
  for(i=1;i<=n;i++)
  { fac=_____;
    s=s+1/fac;
  }
  return s;
}
```

2. 下面程序的功能是将 n 行 n 列的矩阵转置。请填空。

```
#include <stdio.h>
#define N  4
main( )
 { int i,j,t;
   int a[N][N];
   for(i=0;i<N;i++)
       for(j=0;j<N;j++)
         scanf("%d",&a[i][j]);
   for(i=0;i<N;i++)
       for(j=0;_____;j++)
       { t=a[i][j];
         _____;
         a[j][i]=t;
       }
   for(i=0;i<N;i++)
```

```
    {  for(j=0;j<N;j++)
            printf("%d",a[i][j]);
        printf("\n");
    }
}
```

3．有 1020 个西瓜，第一天卖一半多两个，以后每天卖剩下的一半多两个，求几天后西瓜能卖完。请填空。

```
#include <stdio.h>
main()
{ int day,x1,x2;
  day=0;  x1=1020;
  while(_____)
    {_____; x1=x2;day++;  }
  printf("day=%d\n",day);
}
```

五、程序设计（20 分）

1．求下面分段函数的值，用 scanf 函数输入 x 的值，求 y 的值。

$$y = \begin{cases} 0 & (x<0) \\ \sqrt{x} & (0 \leq x <10) \\ x^2 & (x \geq 10) \end{cases}$$

2．输入一行字符，分别统计出其中英文字母、空格、数字以及其他字符的个数。

模 拟 试 题 5

一、选择题（30 分）

1．以下程序的输出结果是（   ）。

```
main( )
{ int a=12, b=12;
  printf("%d %d\n", --a,  b++);
}
```

（A）10 10   （B）12 12   （C）11 10   （D）11 12

2．以下程序的输出结果是（   ）。

```
main( )
{  int  x=10,y=-5, z=12;
   if(x<y)
       if(y<0) z=0;
       else z+=1;
   printf("%d\n",z);
}
```

（A）0   （B）12   （C）13   （D）10

3．设有如下语句,则执行后的输出结果是（   ）。

```
int x=10,y=3,z;
printf("%d\n", z=(x%y,x/y));
```

（A）1   （B）0   （C）4   （D）3

4．以下程序的输出结果是（   ）。

```
char s[]="abcdefgh",*p;
for(p=s;p<s+8;p+=2)
   printf("%c",*p);
```

(A) abcdefgh　　　　(B) aceg　　　　　　(C) abc　　　　　(D) bdfh

5. 以下程序执行后 sum 的值是（　　　）。

```
main( )
{ int i , sum=0;
   for (i=1;i<6;i++) sum+=i;
   printf("%d\n",sum);
}
```

(A) 15　　　　　　(B) 14　　　　　　(C) 不确定　　　　(D) 0

6. 若有定义：int a=8, b=5, c；　执行语句 c=a/b+0.4；后 c 的值为（　　　）。

(A) 1.4　　　　　　(B) 1　　　　　　(C) 2.0　　　　　(D) 2

7. 有以下程序,运行后的输出结果是（　　　）。

```
main()
{ int a=7,b=8,*p,*q,*r;
  p=&a;q=&b; r=p; p=q;q=r;
  printf("%d,%d,%d,%d\n",*p,*q,a,b);
}
```

(A) 8,7,8,7　　　　(B) 7,8,7,8　　　　(C) 8,7,7,8　　　(D) 7,8,8,7

8. 以下说法中不正确是（　　　）。

（A）在 C 语言程序中所用的变量必须先定义后使用

（B）在程序中，APH 和 aph 是两个不同的变量

（C）C 语言程序总是从 main( )函数开始执行

（D）输入数据时，对于整型变量只能输入整型值，对于实型变量只能输入实型值

9. 以下正确的叙述是（　　　）。

（A）在 C 语言程序中，main( )函数必须位于文件的开头

（B）C 语言程序每行中只能写一条语句

（C）C 语言程序本身没有输入、输出语句

（D）对一个 C 语言程序进行编译预处理时，可检查宏定义的语法错误

10. 下面程序段的运行结果是（　　　）。

```
char a[7]="abcdef",b[4]="ABC";
strcpy(a,b);
printf("%c",a[5]);
```

(A) 空格　　　　　(B) \0　　　　　　(C) e　　　　　　(D) f

11. C 语言规定，简单变量做实参时，它和对应形参之间的数据传递方式是（　　　）。

（A）地址传递　　　　　　　　　　（B）单向值传递

（C）由实参传给形参，再由形参传回给实参　　（D）由用户指定传递方式

12. C 语言程序的编译器对宏命令的处理是（　　　）。

（A）在程序运行时进行的

（B）在程序连接时进行的

（C）和 C 语言程序中的其他语句同时进行编译

（D）在对源程序中其他成分正式编译之前进行的

13. 执行以下程序后，a 的值为（   ）。

```
int *p,a=10, b=1;
p=&a;  a=*p+b;
```

（A）12   （B）编译出错   （C）10   （D）11

14. 有如下定义，则数值为 9 的表达式是（   ）

```
int a[10]={1,2,3,4,5,6,7,8,9,10}, *p=a;
```

（A）*p+9   （B）*(p+8)   （C）*p+=9   （D）p+8

15. 设有以下说明语句，则下面的叙述中不正确的是（   ）。

```
struct ex
{ int x; float y; char z; }example;
```

（A）struct 结构体类型的关键字   （B）example 是结构体类型名
（C）x,y,z 都是结构体成员名   （D）struct ex 是结构体类型

二、填空题（20 分）

1. "整数 a 不能被 3 整除"用 C 语言表达式表示为_____。

2. 下面的程序段，其运行结果是_____。

```
char c[5]={'a','b','\0','c','\0'};
printf("%s",c);
```

3. int x=5,n=5;计算表达式 x+=n++后，x 的值为_____，n 的值为_____。

4. 以下程序的输出结果是_____。

```
main()
{  char st[]="hello\0\t\\";
   printf("%d,%d\n",strlen(st),sizeof(st));
}
```

5. 若 int a=5;则赋值语句 a+=a*=a%3 中，a 的最终结果为_____。

6. 表示条件 60<s<80 或 x<10 的表达式为_____。

7. 已知 int x=1,y=2,z=3;以下语句执行后 x,y,z 的值是_____。

```
if (x>y)  z=x;  x=y;  y=z;
```

8. 以下程序执行后的输出结果为_____。

```
main()
{  int a=4,b=3,c=5,t=0;
   if(a<b){t=a;a=b;b=t;}
   if(a<c){t=a;a=c;c=t;}
   printf("%d %d %d\n",a,b,c);
}
```

9. 若定义 a[][3]={1,2,3,4,5,6,7};则 a 数组中行的大小是_____。

10. 以下程序段执行后 d 的值是_____。

```
int a=4, b=5, c=0,d;
d=!a&&!b||!c;
```

三、读程序，写出运行结果（15 分）

1. 下列程序的输出结果是_____。

```
main( )
{ int n;
  for(n=0;n<5;n++)
```

```
   {  if(n==2)  continue;
      printf("%d\t",n);
   }
}
```

2. 下列程序的输出结果是_____。

```
main()
{  int a[3][3]={{1,2,3},{4,5,6},{7,8,9}};
   int i,sum=0;
   for(i=0;i<=2;i++)
     sum=sum+a[i][i];
   printf("%d\n",sum);
}
```

3. 下列程序运行后，输出结果是_____。

```
main()
{  char *s="abcde";
   s+=2;
   printf("%s\n", s);
}
```

4. 下列程序的输出结果是_____。

```
main()
{  int a, y;
   a=10; y=0;
   do{
       a+=2;  y+=a;
       if(y>50)  break;
     }while(a=14);
   printf("a=%d  y=%d\n", a, y);
}
```

5. 下列程序的输出结果是_____。

```
fun(int x)
{  static int a=5;
   a+=x;
   return(a);
}
main()
{  int j,k=4;
   for(j=1;j<=2;j++)
   printf("%d\t", fun(k));
}
```

四、请将下面的程序补充完整（15 分）

1. 下面函数的功能是把两个整数指针所指的存储单元中的内容进行交换。

```
void exchange(int *x, int *y)
{  int t;
   t=*y;
   *y =_____;
   *x =_____;
}
```

2. 下面程序的功能是输出 100 以内能被 3 整除且个位数为 6 的所有整数。

```
#include <stdio.h>
main(void)
```

```
{ int i, j;
  for(i=0;_____;  i++)
  {j=i*10+6;
   if(_____)    continue;
   printf("%d",j);
 }
}
```

3. 求 1! +2! +3! +⋯+10! 的和。

```
#include <stdio.h>
main()
{ float s = 0, t = 1;
  int n;
  for (n=1;_____; n++)
     { _____;
       _____;
     }
  printf("1! +2! +3! +⋯+10! =%f", s);
}
```

五、程序设计（20 分）

1. 一个数组中有 100 个数（用 scanf 函数输入），求其中最大值。

2. 求下列级数前 n 项和：$s = \dfrac{2}{1} + \dfrac{3}{2} + \dfrac{4}{3} + \cdots + \dfrac{n+1}{n}$ （直到 s＞50 为止）。

模拟试题参考答案

模 拟 试 题 1

一、选择题

A C C C D   C D A A B   C D C D D

二、填空题

1. 4

2. 3

3. a%2!=0

4. 3   0

5. 10

6. it is b

    it is c

7. m=2

8. -32768   +32767

9. it is true

10. year%4==0&&year%100!=0 || year%400==0

三、读程序，写出运行结果

1. 5

2. 6

3. ABC6789

4. Hello

5. EFGH IJKL

四、请将下面的程序补充完整

1. m=n+1   s2-11

2. scanf("%d",&a[i])   i%5==0   printf(" \n");

3. *x=*y   &a   &b

五、程序设计(略)

模 拟 试 题 2

一、选择题

A B C A A   C B A B C   D B C D A

二、填空题

1. 3   6

2．10+15=25

3．d

4．1

5．NULL

6．11

7．d:\myc\

8．ch>='0'&&ch<='9'

9．36

10．1

三、读程序，写出运行结果

1．10

2．16

3．1　3　7　15

4．c=7,d=1

5．9876
　　876

四、请将下面的程序补充完整

1．j<=i　　　　f=f*j

2．i<j　　　a[i]=a[j]　　　j--

3．z=z*x

五、程序设计（略）

模 拟 试 题 3

一、选择题

C C D D B　　D C D D C　　　A D B C C

二、填空题

1．2　　　3

2．9

3．3

4．i=10,j=20

5．b

6．ch>='a'&&ch<='z' || ch>='A'&&ch<='Z'

7．*p=2,*q=1

8．6.25　　4

9．switch　　　循环

10．0　　　1

三、读程序，写出运行结果

1．52

2．ABCD　　CD

3．s=56

4．5　　　5

5．-4,　　-6,　　-2

四、请将下面的程序补充完整

1．a[j]>=a[j+1]

2．fopen("out.dat","w")

3．x/2 或 x-1　　　x%i==0

五、程序设计（略）

模 拟 试 题 4

一、选择题

D A D A B　　C D B A B　　　D D C A D

二、填空题

1．x>60&&x<100||x<0

2．3　　　　1　　　-1　　　2.0

3．7,　　　9.000000

4．9

5．345

6．25

7．p　　program

8．2　　5

9．17 , 13

10．1

三、读程序，写出运行结果

1．8,　　5,　　　2

2．17,　　21,　　11

3．120

4．BBB

5．x=35　y=-4　s=-29

四、请将下面的程序补充完整

1．fac=1.0　　　fac=fac*i

2．j<i　　　a[i][j]=a[j][i]

3．x1>0　　　x2=x1/2-2

五、程序设计（略）

模 拟 试 题 5

一、选择题

D B D B A　　　B C D C D　　　B D D B B

二、填空题

1. a%3!=0
2. ab
3. 10   6
4. 5，9
5. 20
6. s>60&&s<80||x<10
7. 2   3   3
8. 5   3   4
9. 3
10. 1

三、读程序，写出运行结果

1. 0   1   3   4
2. 15
3. cde
4. a=16   y=60
5. 9   13

四、请将下面的程序补充完整

1. *x   t
2. i<10   j%3!=0
3. n<=10   t=t*n   s=s+t

五、程序设计（略）

参 考 文 献

[1] 汪同庆，关焕梅，汤杰.C语言程序设计实验教程[M].北京：机械工业出版社，2007.

[2] 邵士媛.C语言习题与上机指导[M].2版 北京：化学工业出版社，2008.

[3] 李丹程，刘莹，那俊.C语言程序设计案例实践[M].北京：清华大学出版社，2009.

[4] 伍一，陈廷勇.C语言程序设计基础与实训教程[M].北京：清华大学出版社，2006.

[5] 刘维富，等.C语言程序设计一体化案例教程[M].北京：清华大学出版社，2009.

[6] 崔武子，李青，李红豫.C程序设计辅导与实训[M].北京：清华大学出版社，2009.